# 文案暴利

## 我們不會寫文案，我們只會寫『賣貨』文案！

**教你賣更多、賣更快、賣更貴、**
**賣更久的文案77計！**

銷冠文案轟炸機
水滴石團隊
著

野人

野人家 246

# 文案暴利

**我們不會寫文案，我們只會寫『賣貨』文案！**

**教你賣更多、賣更快、賣更貴、**
**賣更久的文案77計！**


作　　者　水滴石團隊

野人文化股份有限公司
社　　長　張瑩瑩
總 編 輯　蔡麗真
責任編輯　徐子涵
專業校對　魏秋綢
行銷經理　林麗紅
行銷企畫　李映柔
封面設計　周家瑤
內頁排版　洪素貞

出　　版　野人文化股份有限公司
發行平台　遠足文化事業股份有限公司（讀書共和國出版集團）
地址：231 新北市新店區民權路 108-2 號 9 樓
電話：（02）2218-1417　傳真：（02）8667-1065
電子信箱：service@bookrep.com.tw
網址：www.bookrep.com.tw
郵撥帳號：19504465 遠足文化事業股份有限公司
客服專線：0800-221-029
法律顧問　華洋法律事務所 蘇文生律師
印　　製　博客斯印刷股份有限公司
初　　版　2025 年 6 月

9786267716168 ( 平裝 )
9786267555965 ( EPUB )
9786267555972 ( PDF )




野人文化
官方網頁

野人文化
讀者回函

文案暴利

線上讀者回函專用 QR CODE，你的寶貴意見，將是我們進步的最大動力。


國家圖書館出版品預行編目（CIP）資料

文案暴利 : 我們不會寫文案 , 只會寫「賣貨」文案 ! 教你賣更多、賣更快、賣更貴、賣更久的文案 77 計 ! / 水滴石團隊著 . -- 初版 . -- 新北市 : 野人文化股份有限公司出版 : 遠足文化事業股份有限公司發行 , 2025.06
面； 公分 . -- ( 野人家 )
原簡體版題名 : 文案卖货 : 2 小时上手 ,3 步用好
ISBN 978-626-7716-16-8( 平裝 )

1.CST: 廣告文案 2.CST: 廣告寫作 3.CST: 行銷策略

497.5　　114004801

我們不會寫文案
我們只會寫賣貨文案

我們曾是文案理想青年，
渴望寫出大金句
一戰成名。

十數年來，
我們四處偷師學藝
試遍大師們走過的路
方知文案最重要的
不是創意、不是有趣、不是金句
而是另外兩個字

「賣貨。」

我們不想公開偷學所得
更不想大師們的真經失傳
特將十年文案賣貨方法
首次輯錄在《文案暴利》中
等待與有志於文案賣貨的同道中人相逢

——水滴石團隊

文案最重要的，
不是創意、不是有趣、
不是金句，而是賣貨。

<table>
<tr><th>步驟</th><th colspan="2">動作</th><th>目的</th></tr>
<tr><td rowspan="4">執行</td><td colspan="3">第 2 種情況 可以改產品<br>高級文案賣貨 3 步：找三能</td></tr>
<tr><td>第 1 步</td><td>找能買：找、改、跨</td><td rowspan="3">從消費者更快買、買更多、長期買的角度，指導企業開發好賣的產品、整合好用的資源和重塑動銷的管道。可以說是以文案賣貨全盤指導企業創業</td></tr>
<tr><td>第 2 步</td><td>找能做：自己做、找人做、做標準</td></tr>
<tr><td>第 3 步</td><td>找能賣：管道、場景、人群</td></tr>
<tr><td>檢查</td><td colspan="2">消費者、人性、真誠、測評日記、戰略、購買理由、形容、目的、證據、通俗借勢、少講故事、重複堅持、短、變、結構、聊 天、 抄、轉換、算帳、詞性、篩選、策略、產品、價格、多寫熟練、別怕長、 省、臉皮厚、熱情、知識、自製排行榜、慎用情感、擴散</td><td>33 個不變的文案賣貨法則，逐一檢查， 讓你的文案吸引消費者一買再買</td></tr>
</table>

## 文案賣貨致勝表格（詳版）

<table>
<tr><th>步驟</th><th colspan="2">動作</th><th>目的</th></tr>
<tr><td rowspan="3">市調</td><td>3 角</td><td>消費者、競爭對手、企業自身</td><td>確定戰略定位找到賣貨策略</td></tr>
<tr><td>4 P</td><td>產品、價格、管道、推廣</td><td>找到企業賣貨過程中能強化的優點，要改善的缺點</td></tr>
<tr><td>9 狀</td><td>成為第一、擁有特性、領導地位、經典、市場專長、最受青睞、製作方法、新一代產品、熱銷</td><td>找到文案好描述，消費者一看就懂、就想買的差異化購買理由</td></tr>
<tr><td rowspan="4">執行</td><td colspan="3">第 1 種情況 不能改產品<br>初級文案賣貨 3 步：吸簡催</td></tr>
<tr><td>第 1 步</td><td>吸引關注：做新、做尖、做思</td><td rowspan="3">掩蓋缺點的同時放大優點，從而快速賣貨</td></tr>
<tr><td>第 2 步</td><td>簡介產品：購買理由、品類品牌、使命願景</td></tr>
<tr><td>第 3 步</td><td>催促下單：大膽談、轉換談、有激勵</td></tr>
</table>

## 文案賣貨致勝表格（簡版）

| | |
|---|---|
| 第 1 種情況 | 不能改產品，初級文案賣貨 3 步：吸簡催 |
| 第 1 步 | 吸引關注：做新、做尖、做思 |
| 第 2 步 | 簡介產品：購買理由、品類品牌、使命願景 |
| 第 3 步 | 催促下單：大膽談、轉換談、有激勵 |
| 第 2 種情況 | 可以改產品，高級文案賣貨 3 步：找三能 |
| 第 1 步 | 找能買：找、改、跨 |
| 第 2 步 | 找能做：自己做、找人做、做標準 |
| 第 3 步 | 找能賣：管道、場景、人群 |

企業要好過，
要學會賣貨。

99%的社交媒體博主，
第一桶金靠文案賣貨。

自序

# 不懂文案賣貨，企業的戰略將無從表達、沒有結果

文案賣貨不只對戰略很重要，它對任何戰略的落實也非常重要。開宗明義，我們有必要先從文案賣貨的重要性說起。

## 第一，文案讓戰略能理解

很多企業老闆會納悶：「文案賣貨這麼小的一個點，還要我關注嗎？我要關注的是戰略。」

恰恰相反，我們認為**企業老闆一定要懂文案賣貨，這樣戰略才能開花結果。如果你不懂文案，你的戰略將無從表達，因為戰略的一切都依賴文案轉化成概念，不懂文案，你不可能精準表達。**

定好戰略之後，消費者能看到的資訊，無非就是話術和畫面。話術就是我們這裡說的文案，如果沒有文案做基礎，即使有產品海報、戶外廣告等畫面，消費者也壓根就不知道企業要傳達的是啥。

畫面更有想像力，但沒有文案界定準確意思的畫面，更多時候帶來的是誤解。這就是老闆們一定要關注文案賣貨的根本原因之一。

## 第二，賣貨讓戰略有結果

當然，光是準確表達了戰略還不行，還得賣貨。如果它的定位、廣告語完全不賣貨，不是戰略定錯，就是文案沒寫好。毫不誇張，如果你的文案不賣貨，文案表達的戰略將失去意義、沒有結果，說了跟沒說一樣。

比如王老吉，它的銷售額得以從人民幣一．二億元提升到兩百多億元，一度成為中國罐裝飲料的第一，不容忽視的就是它從戰略定位到戰術落地的主要環節，文案都寫得非常賣貨，前後一致，環環相扣。

**戰略定位：預防上火**
**廣告語：怕上火喝王老吉**
**廣告影片文案：不用害怕什麼，盡情享受生活。怕上火喝王老吉**

這三個最最關鍵的文案，都是非常通俗易懂的賣貨文案。

企業花了大把錢做戰略，結果卻不關注文案賣貨，這不就等於花錢挑了個上百萬元甚至上千萬元的房子，連房子長得是不是跟自己要買的一樣都不管就交屋？

這不是很離譜嗎？

這個比喻也許沒那麼恰當，但我們想表達的是，只關注重點，而不關注重點的執行情況，很大概率也會失敗。

**正確的戰略，配上鋒利的賣貨文案，戰略才算有了起步的基石。**

這就是老闆們一定要關注文案賣貨的根本原因之二。

## 第三，文案賣貨是第一步

一句話來說，不懂文案賣貨，企業的戰略將無從表達、沒有結果。文案賣貨是所有戰略走向成功的第一步，沒有這一步，其餘動作再華麗，都是空中樓閣。

回到消費者的視角，他們只會看到戰略轉化出來的文案和相應的設計。

戰略設計這塊，某些戰略落地[1]公司，已經有不少深入的實踐分享。而戰略在文案上怎麼做，卻沒有人系統說。

畢竟在廣告行銷圈，有文案賣貨經驗的人確實寥寥無幾。我們正好是因為在微信公眾號賣了十年書，在這方面有不少經驗，所以特地出版這本書，和大家一起切磋一下。

本書最早脫胎於水滴石團隊的四個內部教材：一個是把三百萬字定位全集濃縮為三萬字精髓的讀本《用好定位》，另外三個是在廣告圈小範圍流傳的賣貨文案教材《分步驟詳解：如何寫一篇轉化超十二萬元的銷售長文案？》、《賣貨文案詳解：一篇賣一〇二萬元的文案撰寫邏輯》和《讓客戶一買再買的文案法則》。

做戰略的人一直講差異化，那麼跟你的同行比，你做戰略的差異化到底在哪裡？從今以後，懂文案賣貨也許就是你的一個強有力的差異化。

**如果你戰略學得很好，又精通文案賣貨的話，那麼你未來的優勢將非常大。凡語言能到達的地方，就是你賣貨的戰場。**

要學好文案賣貨，首先必須用文案做好戰略的翻譯師，讓戰略簡單通俗、顯而易見，消費者一看就懂。然後，才是一看懂就想買。文案傳達的戰略能賣貨，戰略的其他動作才有意義和良性循環的可能。

當然，我們希望在掌握文案賣貨之前，你能拿筆寫下這句話：**我不會寫文案，我只會寫賣貨文案**。

這個信念，你我共勉。

**水滴石團隊**

1 指企業將制定的戰略計劃轉化為具體的行動和成果，確保戰略與日常運營緊密結合，避免戰略與實施脫節。

# 目錄

# 第四章 疑難 191

## 攻克這14個最難場景，賣貨再也難不倒你

# 第一章

# 方法

## 初級文案賣貨「吸簡催」，高級文案賣貨「找三能」

文案賣貨，只有兩種情況：

**第一種情況，不能改產品。**

當你拿到產品的時候，企業的產品已經成型，你改不了，哪怕它有一些缺陷。怎麼辦呢？你只能基於產品的既定事實去賣。

**第二種情況，可以改產品。**

當你發現產品有缺陷，如命名、設計、物流、促銷、定價、管道等不太好，你都可以跟企業商量，怎麼去改善，會變得好賣。

我們一一來看。

## 初級文案賣貨「吸簡催」

第一種情況，不能改產品，那我們用初級工具就夠了，叫文案賣貨「吸簡催」。為了好記，我們戲稱為文案賣貨「洗剪吹」。

**什麼叫「吸簡催」呢？本質上是放大優點，快速賣貨。**掩蓋缺點的同時放大優點，從而快速賣貨。

### 吸——吸引關注

賣貨之前，你得用文案，讓人注意到你。這是第一步，沒有這一步，後面的賣貨就無從談起。

文案要賣貨，
第一步就是，
掠奪大眾關注。

# 第1步 吸引關注：做新、做尖、做思

文案要賣貨，第一步就是掠奪大眾關注。今天資訊太多、干擾太多，從戶外的標題、影片前三秒到Podcast開場白，你不掠奪關注，焦點就不會落到你的品牌身上。要快速掠奪大眾關注，重點是做新、做尖和做思。

## 做新

什麼叫做新呢？

別人沒說過，之前沒聽過，之前沒做過。

看這些案例，開頭一句話，就聞所未聞：

- 對一位藝術愛好者來說，這是一幅林布蘭的古典名畫；對一名醫生來說，這是一個典型的乳癌病例（澳洲醫療福利基金會）
- 瑞典黑猩猩的投資方法（一個發家致富的靠譜方法）（信孚銀行）
- 我從不看《經濟學人》（《經濟學人》）

．如果你疲憊到連這篇文章都讀不下去，那你更應該堅持讀完（澳洲營養基金會）
．本廣告有一處拼寫錯誤，第一個找出的人將獲得五百美元獎金（波記廣告）
．每磅一．〇二美元（福斯汽車）
．沒有穿不壞的鞋，只有踢不爛的你（Timberland）

頭一回有人指著林布蘭的名畫說，這是一個乳癌病例。另類的視角，一下子就讓你想知道到底發生了什麼。

我們見過巴菲特等大神講投資，突然一隻猩猩出來講，你好奇不好奇？《經濟學人》給自己打廣告，說「我從不看《經濟學人》」，這反調唱的是哪齣？你一定會瞧一瞧。細看才知道這是反諷，不讀這雜誌，才會混到四十二歲還只是一名儲備幹部。

當你很疲憊的時候，人家廣告不勸你好好休息，反而讓你堅持讀完。一下就對號入座了。閱讀一個廣告，找個錯別字就能賺五百美元，該死的好勝心就起來了。

當所有的汽車都在講設計、顏色、金融服務時，福斯汽車按磅賣，每磅一．〇二美元。多新鮮。

大中華區近幾年火熱的小黃靴Timberland，一個賣鞋子的說「沒有穿不壞的鞋，只有踢不爛的你」，像是在承認自己的鞋子不耐穿，其實是在精神上，換個新招拉攏你。

人對新東西都是天然有好奇心的。做新，就是做到品類之內，你的對手沒說過的，你先說。

## 做尖

什麼叫做尖呢？

同樣的話，你推到最極端去說。

大多時候，要做到對手都沒說過，還挺難的。那麼你能把同一句話、同一個意思，濃度放到更大去說，吸引關注也是一流的。

比如這些品牌的文案——

- 回答下面十個問題，算一算你的死期（奧爾巴尼人壽保險）
- 要是車子焊接不結實，車下寫廣告的文案得被壓扁！（Volvo）
- 投票給工黨就等於在這張紙上簽字畫押（英國保守黨）
- 像討厭它一樣駕駛它（Volvo）
- 通緝：不願為滑鐵盧戰役拋頭顱、灑熱血之人（陸軍軍官徵兵處）
- 在這張照片中的某處，埃里克·希頓少尉正奄奄一息（帝國戰爭博物館）

·我們恨化學（法蘭琳卡[2]）

死期、壓扁、簽字畫押、討厭、通緝、奄奄一息、恨，你品一品這些用詞，幾乎是把同一種情緒推到了無法再濃烈的邊緣。

看一眼、聽一句就有畫面，像針尖刺破資訊囚籠，眼球、耳朵立刻就被鎖定。

## 做思

**什麼叫做思呢？**

**提出一個消費者關心的關鍵問題，讓他們陷入思考，進入你的節奏。**

像下面這些案例，每一句話，都讓你陷入沉思，跟著思考其中的深意：

·哪個男人看起來更擅長打強姦官司？（法律學會）

·第二名說它比別人更努力？跟誰比呢？（赫茲）

·你是否想知道，如果男人來月經會怎樣？（懷特醫生）

2 中國美妝品牌。

・這隻鞋有三四二個洞。你要怎樣讓它防水？（Timberland）
・如何殺死一個嬰兒？[3]
・Volvo經久耐用，不會影響生意嗎？（Volvo）
・洗了一輩子頭髮，你洗過頭皮嗎？（滋源）

一張照片三個男人，到底哪個更擅長打強姦官司呢？你開始思考了，沒有答案，只好繼續閱讀。

那個一直說自己是老二所以更努力的品牌，它的對手，排名第一的赫茲起來反擊了，你會不會跟它有同樣的困惑——它這第二到底是跟誰比呢？

男人來月經會是啥樣？Timberland的鞋有三百四十二個洞，怎麼做到防水的？婦女節怎麼討論起如何殺死嬰兒了？富豪那麼耐用，會不會影響生意呢？我確實一輩子沒洗過頭皮，有啥麻煩嗎？

只要你跟著品牌的反問，代入了思考，你就進入了品牌的「套」，掏錢也就相對容易。所謂關心則「亂」。

做新、做尖、做思，三招掠奪大眾的注意力，才有後面的賣貨。

套一套那些讓你駐足、定睛、住手的文案，是不是多少都跟這三個思路有關？

## 簡——簡介產品

當消費者關注你之後，一定要快速簡介你要賣的產品。重點甩給他，告訴他，這是一款巨牛的產品，跟你有關的巨牛的產品。一定得講得跟消費者有關，很多人介紹產品，長篇大論只說自己的產品牛，消費者讀完都不知道產品跟自己有什麼關係，他怎麼可能下單呢？

**別光說產品牛，更要說產品怎麼讓消費者牛。**消費者不關心你的產品牛不牛，他只關心他買了你的產品，他能不能變得更牛。

產品介紹一定要說清楚兩部分：一這個產品很牛，二你用了也會很牛。所以，你需要它。

3 這是一個保育動物的廣告，這裡的「嬰兒」指的是海豹、海豚、鯨魚等動物的幼崽。

介紹產品的時候，
別光說產品如何牛，
更要說
消費者擁有了產品後
能變得如何牛

# 第2步 簡介產品：購買理由、品類品牌、使命願景

掠奪了大眾的關注，就要大大方方地介紹產品，讓流量直接轉到產品上。我們發現很多人很害羞，流量進來了，文案還顧左右而言他，生怕談產品會嚇跑消費者。跟做賊一樣心虛。

當然，要介紹好產品並不容易，至少要考慮好三個層面的事情。

## 購買理由

對消費者來說，當他關注到你的品牌，他就準備好掏錢了，這時候最重要的是馬上給他購買理由。因為這是最直接幫他做決策的依據。

這也是為什麼，我們一直說，千萬不要怕談產品，商業資訊是消費者的剛需。買東西跟吃喝拉撒睡一樣，是任何消費者的日常剛需。

你不要覺得讓他在你這兒花錢了，他就會恨你。不會的。如果他真的需要這個產品，而你又恰好把好產品推薦給了他，他是很感激你的。

**當你給需要產品的消費者介紹能幫他快速做購買決策的資訊時，這時候的資訊就**

**是有用資訊，他非但不排斥，還特別樂意看，流量自然就轉到產品上了。**

我們來看福斯汽車（Volkswagan），一則非常古早的賣貨文案——

**標題：福斯奉行：人先於車**

**正文：在福斯，我們總是為小不點兒們絞盡腦汁。**

福斯是最早製造適用無鉛汽油車輛的汽車製造商之一。

福斯率先製造出使用標準化催化劑的 Polo 系列小型轎車。

福斯最早批量生產出世界上最乾淨的轎車 Umweit Diesel，也是最早用水基塗料取代有毒塗料的製造商之一。

也就是說，我們並不希望你是因為別無選擇而購買福斯汽車。

我們也不希望，你購買福斯汽車的理由，僅僅是我們獲得了年度「環保製造商」的殊榮。

畢竟，我們是最早在車頭和車尾的撞擊緩衝區使用增強版安全車體結構的汽車製造商之一。

第一個將後排安全帶列為安全標準的汽車製造商。是最早生產出自動駕駛汽車的汽車製造商之一。

在保護你的家人安全方面，相信我們，沒有任何東西可以阻擋福斯的努力。

落款：福斯汽車

畫面上，一個嬰兒坐在嬰兒車裡，正對著福斯汽車的車頭。不知道的還以為是事故前的急剎車，很吸引眼球。標題「人先於車」，既是說福斯關懷人，也是對畫面的雙關呼應。

它的內文是怎樣逐步介紹產品，合理承接流量的呢？

基本上就是緊扣產品，娓娓道來地把福斯汽車在無鉛汽油、標準化催化劑、乾淨、無毒塗料、環保、車頭車尾增強版安全車體結構、後排安全帶、自動駕駛等方面的特點和第一，給介紹了一番。

而這些點，全是有孩子的家庭比較在乎的點，且正好能支持「人先於車」這個購買理由。

很耐心、很細緻，有理有據，盡可能地誘惑消費者介紹清楚了產品。

**回到消費者購買心理去介紹產品，就是為他們梳理購買理由，幫他們更快更好購買。**

## 品類品牌

像福斯汽車，世人皆知，價格高決策重，消費者對它多少有了解，你幫他梳理下購買理由，他大概就知道怎麼進一步決策了。

**對於不知名的品牌，介紹產品還得說清楚品類品牌**。換句話說，你得把產品的品類和品牌一起介紹，消費者才知道買的是什麼類別的東西。

比如這些賣貨文案——

> **不喝生水，喝熟水，喝熟水對身體好**（涼白開）
> **怕上火，綠盒更實在**（王老吉）
> **地道辣條**（麻辣王子）

今麥郎[4]開創熟水新品類，得先宣傳品類；王老吉開發了綠色盒裝，直接宣布新規格價格更實惠；一個「地道」，就把麻辣王子跟衛龍[5]區分開了。

我們常看大品牌的廣告，大品牌有知名度，很少介紹品類，都是圍繞品牌說自己的故事。

可回到品牌創建之初，**介紹產品，從大到小，從物質到精神，有三個層次：一是產品屬於哪個品類、哪個品牌；二是它有什麼用，用了有什麼好處；三是用了它有什**

麼意義。

「愛乾淨的人都在用德佑，德佑濕廁紙銷售額全網領先」，前一句說好處，後一句說品類；「Just Do It」則是耐吉（Nike）給消費者的精神後盾。

我們大部分時候，介紹產品都只盯著第二層次——介紹用途、功效、利益、好處等實實在在的物質回報。

品牌沒名氣，零基礎溝通，就要介紹產品的品類。

第三層次是最難的，產品的意義，通常靠情感溝通，而這是最費事、費時、費錢的玩法，沒大錢的品牌根本玩不起。

記住，第一層次產品介紹是差異基礎所在；第二層次產品介紹是銷售基本所在；第三層次產品介紹是信仰基因所在。

## 使命願景

對消費者來說，有前兩點就夠用了。

4 中國食品公司。
5 中國食品公司。

而我們更容易忽視的是，產品是由企業的員工，團隊協作研發、生產，再賣給消費者的。

對於企業內部人來說，產品不僅是賣給消費者的產品，更是跟企業發展緊密聯繫在一起，關乎他們的切身利益。

因此，**對內來說，介紹清楚產品，就是把企業的使命願景講清楚。**

這方面，最具代表的是阿里巴巴。它的使命（利他）是「讓天下沒有難做的生意」，願景（利己）是「做一家活一〇二年的好公司」。

企業只有把利他利己介紹明白了，員工才有努力的方向，才知道在這家企業幹活，能做出的最大貢獻是什麼，能實現的最大夢想是什麼，能得到的物質、精神收益的天花板在哪裡。

從這個角度，你可能就更能理解，什麼叫戰略決定企業文化。

購買理由、品類品牌、使命願景，是從消費者到企業內部介紹產品，層層遞進的。

最後我們要再叮囑一次：介紹產品的時候，別光說產品如何牛，更要說消費者擁有了產品後能變得如何牛。

## 催——催促下單

很多人，賣貨文案寫到最後，就縮手縮腳，不敢臨門一腳催促大家買買買。就好像叫消費者買自己的東西，跟殺人放火、要他的命一樣。

再強調一遍，商業需求是人的剛需。如果消費者需要這個產品，你在適當的時候推薦給了他，你覺得他會恨你嗎？他會因為你的推薦花了錢買產品就恨你嗎？絕對不會。相反，如果你的推薦，他需要，產品又很好，他還會感激你。如果你想不通這一點，你就永遠不可能進入文案賣貨的狀態。

**談好價格，大大方方催人買。**

四P哪個最難？
很多人說是產品，
其實是價格。

# 第3步催促下單：大膽談、轉換談、有激勵

掠奪了大眾關注，介紹了產品，最後一步就要催人下單。

**催人下單的關鍵，就是談價格**。怎麼談價格，才會更好賣呢？

## 大膽談

對於不少從業者來說，比介紹產品更害羞的，就是談價格。

我們必須要說一句，如果你大費周章，引人進來，介紹了一通產品，但臨門一腳還不談價格不催人下單，那性質可就相當惡劣了。它的惡劣程度，跟與人戀愛十年，從不提談婚論嫁的事兒一樣，有點流氓。

一定要養成習慣，吸引關注、簡介產品、催人下單，文案賣貨「吸簡催」三件套，一個貫通。需要的人立刻買，不需要的人立馬撤，他好你也好。

一個不談價格、不催人下單的文案，是沒良心的、不道德的。你還是個文案嗎？一方面，浪費了客戶的時間；另一方面，你浪費了自己「排兵布陣」的心血。

務必要有大膽談價格的心態。

做行銷的，整天把4P掛在嘴上，試問這4P哪個最難，也應該最先定下來？很多人說是產品，其實是價格。

只有價格定下來，一個產品才具備了交易的基礎，才能真正鎖定目標人群、做工用料、管道和廣告。

## 轉換談

當然，大膽談不是亂談，要談得消費者心服口服，覺得不在你這兒買，再也不會有這樣實惠的店。

什麼叫轉換談呢？

就是讓任何價格，看起來都不貴，至少是合情合理、物有所值。

怎麼做？主要是兩個方面。一是定價盡可能在消費者的認知區間；二是讓乍一看很貴的價格，換個說法，進入消費者的認知區間。

消費者對消費過的產品，都有一個自己的價格認知區間。一本書，三～五百元是常見的；一隻手機，五千～五萬元是常見的；一輛汽車，五十萬～三百萬元是常見的；一瓶水，十五元是常見的……定價只要在常見的價格認知區間，通常就更好賣。

如果不在價格認知區間，就必須要有可靠的理由，否則就會被消費者懷疑：要麼產品有問題，要麼賺得太多。一瓶水，只賣七塊錢，批發價能說得通，地方品牌附加值不高能說得通；賣五十元，得是國外進口，或是超級稀缺的水源，才能說得通。

實在不在消費者的價格認知區間，也要想盡辦法，換個說法，換算到消費者覺得合理、可接受。

一門課一年二十萬元的學費，乍一看很嚇人，但是你幫他算好，一百萬元學成，一輩子衣食無憂，也就值了；一個讀本兩千元，乍一看超貴，但看完能防止三千萬元打水漂，能學會接三千萬元一單的活兒，對比起來就相當划算了；一年上千萬元的諮詢費，看起來不可思議，但若用了後，能多賺幾億元，那上千萬元也是小錢……

你可能認為，這是小品牌才這麼轉換談價吧？其實什麼品牌都行。

我們來看福斯汽車的一則賣貨文案，單刀直入，標題就談價格——

**標題：每磅一．〇二美元**

**正文：一輛全新的福斯汽車售價一五九五美元。**

但它物超所值。按磅計算的話，福斯比你能說出的任何一款車都貴。事實上，你如果細察端倪，就會發現這並不奇怪。並非所有汽車都和福斯一樣投入驚人。

僅工藝就十分驚人。

福斯發動機，純手工鍛造。一臺一臺地完成。

每台發動機需在手工製作完成時和成品車完工時接受兩次檢測。

一輛福斯車噴漆四次，每一層都經過手工打磨。車頂內襯亦是手工安裝。

你不會在任何地方發現缺口、凹痕或者膠水。若有，福斯會接受零件（或者整輛車）的退貨。

所以按磅計算，你就能明白福斯汽車如此昂貴的原因。

這值得深思。

尤其當你認為福斯汽車不值這個價而沒入手時。

落款：福斯汽車授權經銷商

這是福斯汽車一九六三年做的一則廣告，跟很多品牌起步一樣，得好好賣東西，不會像現在，有錢了就講一些不著邊際的有趣故事。

汽車論磅賣，屬實頭一回。

每磅一．〇二美元貴嗎？很貴！可人家立刻就開始跟你算帳，為什麼這麼貴。因為光是手工這一塊的投入成本就奇貴無比——發動機、兩次檢測、四次噴漆、車頂內襯安裝、介面縫隙拼接等，全是純手工打造打磨的。

這麼聽下來，確實有它貴的道理。雖然說你企業的成本多高，關我消費者什麼事，但你能說出個一二三來，消費者也是心軟的、通情達理的。

並且人家特別自信地承諾，如果這些工藝品質不過關，零件或整車都接受退貨。打消你的後顧之憂。

最後，再來一記回馬槍：當你認為福斯汽車不值得這個價而沒入手時，它的昂貴是值得深思的。

不卑不亢，循循善誘，這是一個優秀賣貨文案該有的職業素養。

面對價格，人可以是感性的，也可以是理性的，但終究是理性的。哪怕是衝動消費，也一定是觸發了讓他衝動的點，在當時給了他非買不可的理由。

**只要你能將看起來不合理的價格，換算到合理，多貴的產品都有人買，消費者只是不想多花一分冤枉錢。**

## 有激勵

很多時候，你談好價格，發現消費者還是不想買，彆彆扭扭的，為什麼呢？談價格只是推力，你還應該設置激勵政策，來一把拉力，拽著消費者，讓他感覺不現在出手，自己就虧了。

這些價格激勵政策，你應該不陌生。別覺得它們老掉牙，百多年過去，還是非常有效，因為人性不變——

· 早鳥價最便宜，早買早受益全網最低價
· 第二杯半價
· 三人湊團八折
· 現在早鳥價，之後逐漸漲到原價
· 前一百位享受訂製產品
· 一年一次大促，最後一天，錯過等一年
· 三百六十五元／年，每天只要一塊錢
· 少吃一頓外賣的事兒

要麼，你給他一個無法拒絕的低價。如「早鳥價最便宜」、「全網最低價」、「第二杯半價」、「三人湊團八折」。

要麼，你給他一種搶購的緊迫感。如「前一百位享受訂製產品」「一年一次大促，最後一天，錯過等一年」。

要麼，你給他一種，很便宜的感覺。如「現在早鳥價，之後逐漸漲到原價」，再如人民幣三九．八元／斤看著貴，就寫十九．九元／半斤，這樣看起來就便宜一半。

再要麼，你讓他把經常花在負面事兒上的錢，偶爾花在給他帶來正面好處的產品上。比如，少叫一頓外送、少抽一包菸，換來一本好書、一堂好課，這種負面和正面的對比，更容易讓消費者下定決心。

還有就是分期付款、無理由退貨退款、設置付款後的反悔期等，都是很好的勸消費者下單的激勵政策。

這裡有一點要特別注意，**當你制定了價格激勵政策，一定要說到做到**。別說了今天是最後一天特價到了明天還是特價，別說了之後漲價就是不漲，別說了第二杯半價結果不給，別說了全網最低價結果人家隔天看到更低的價格。你說到做到，消費者才會覺得買你的東西是可靠的，你不是一個隨意的人。

總之，多貴的產品都有人買，消費者只是不願意多花一分冤枉錢，你就儘管大大方方催人買。

最後，再分享一個大部分人都不相信的談價格的小祕密：**比降價更容易促銷，且利於品牌樹立的是漲價**。

當然，不能無休無止地漲，一旦漲到一定界限，產品也要跟著改變，不然就容易砸在手裡。

為了讓你更快理解、更好上手，在本書中，我們將全程以《文案之神尼爾・法蘭奇》這個案例展開，從這個產品的研、產、銷、改等全流程，一個案例貫穿到底。為你拆開文案賣貨從調研，到執行，到檢查的三大步驟。

讓你從想到做，看到文案賣貨的全部操作細節。

必須聲明一下，過去十年，我們用這個方法賣過水果、賣過月餅、賣過茶葉、賣過個人品牌、賣過活動、賣過日曆、賣過文創產品、賣過微信公眾號，但主要賣的是以圖書、課程為主的知識產品。實踐下來，不管產品是什麼，關鍵是找準跟消費者的對話方式，而後以這個邏輯展開，通常效果都不會差。

實際上，知識產品是最難賣的，因為它是一次性產品，沒辦法像水果、餐飲、零食、鞋子、衣服、酒水、飲料等消耗品一樣，讓同一個人反覆購買。更多時候，你只能靠不斷吸引新的人群購買，而後形成口碑推薦。像團購、送禮等一個人買很多或複購的情況是少數。大量的賣貨工具、行銷手段都無法使用，一次性產品售賣的難點正在於此。

好處是，一次性產品都能賣好，賣其他產品就更加易如反掌。

《文案之神尼爾．法蘭奇》這本書很特殊，大眾可能不熟悉，但在廣告圈它非常有名，早年入行的專業文案從業者，幾乎人手一冊。二〇〇四年，精裝加一片光碟就賣到了兩百元。它的特殊還在於，這本二〇〇四年賣到人民幣兩百元的版本，是一個赤裸裸的盜版，作者尼爾．法蘭奇為此特地發公開信斥責。可因為太好賣了，屢禁不止。

既然盜版被驗證過好賣，做正版最簡單的方法，就是找到原來的盜版商，跟盜版商談好他跟作者等相關方的利益分配，直接讓盜版正版發行，一定能繼續大賣，成為一個長銷產品。

很不巧，尼爾對盜版商的印象極差，雙方已經傷了和氣，這個最佳方案，沒有操作的可能。

尼爾有推特，我們一邊翻譯一邊私訊聯繫他，反正有事沒事就登錄推特看看有沒有他的回信。大概半年後，他終於回了消息，說我們可以把要做的事發到他的郵箱，他的女朋友後面會跟我們聯繫。

我們帶給尼爾的黑白配樣書，實際上是第二版，你知道第一版是什麼樣嗎？第一版是黑色封面，單手拿著不費勁，像《聖經》一樣小的開本，內頁是灰色的，這個灰色給我們後來賣貨埋下一個大雷，後文我們會細講。

你想，《文案之神尼爾．法蘭奇》這麼牛，像神一樣存在文案們的心中，它就是文案裡的聖經呀，它不就應該跟《聖經》的開本一樣嗎？雖然我們不能用盜版直接轉正版來做，但至少得繼續保留英文書名，讓人感覺還是從《Neil French》這個盜版升級來的。

為了差異化，第一要吸盜版的流量，第二又要讓人感覺到新版跟盜版不一樣。怎麼做出最大的特點呢？改封面、改顏色。我們當時第一次嘗試給一套書上下冊做了黑白兩個顏色，帶著這套黑白配到新加坡給尼爾看，尼爾很喜歡，還特地在他的推特上宣傳了這套樣書。

回到國內正式走出版流程時我們才發現，國內不允許只用英文名做外文書的書名，這就一下子把我們截流盜版的念想斷掉了。我們後面出版的書名非常長：

《文案之神尼爾．法蘭奇：四十年傳奇廣告生涯經典作品集》。

用「文案之神」是因為民間都叫他「文案之神」，得把這個流量先截住。用「文案之神尼爾．法蘭奇」是把原來盜版的流量直接用中文翻譯鎖住。書名副標題「四十年傳奇廣告生涯經典作品集」是它的最強購買理由。

當你拿到產品，別著急寫，更重要的是要先去確定它的優缺點，以及它在所有同類產品中到底是怎樣一個位置。我們有三個工具，可以幫你了解產品所有的細節——三角、四Ｐ、九狀。

## 三角

從競爭對手、消費者以及我們自己[6]的三角關係中找產品優勢，你大概就能夠判斷出這個產品在所有同類產品中是怎樣的地位。

## 四P

第一仔細看產品、用產品，第二看它在哪個地方賣，第三看它推廣的情況怎麼樣，第四看它的價格怎麼樣。產品、管道、推廣、定價這四Ｐ會把產品的地位在戰略到落地更中間的環節表現出來。

## 九狀

到了最後面，需要有大量的細節來佐證，為什麼你要買這個產品，就會需要九狀找細節上的證據。九狀分別是：成為第一、擁有特性、領導地位、經典、市場專長、最受青睞、製作方法、新一代產品、熱銷。

三角、四P、九狀，從戰略到執行一路縮小。讓你在做前期工作的時候，既能找準產品的最大特色、定位、核心動作，又能夠把那些要寫進賣貨文案裡面的細節事實，通過這三個工具全部找出來。

我們仍以《文案之神尼爾．法蘭奇》為例。

**《文案之神尼爾．法蘭奇》三角**

- **你（競爭對手）**

新媒體時代，長文案沒以前那麼稀罕。

6 指的是企業、產品、個人等任意競爭主體。根據場合不同，也會表述為企業自身、產品自身。

- **我**（產品自身）
有名的是盜版，面臨過時的風險，沒以前看起來優秀。缺乏金句。
- **他**（消費者）
關注新媒體勝過長文案，新人不認識尼爾。

回到尼爾的《文案之神尼爾．法蘭奇》，我們去聊合作的時候是二〇一六年。那個時候微信公眾號已經非常火爆，各種離奇古怪的長文案已經見怪不怪了。尼爾的這本書又是以長文案著稱，所以在那個時候，這本書實際上是有點尷尬的。會寫長文案的人多了，一定程度成了一種共性，不再那麼特別。

從書的角度來說，我們失去了盜版的書名，失去了最大的流量。同時，面臨過時的風險。讀者會想，你這本書的盜版都是二〇〇四年的，且其中很多作品在那之前二三十年就出來了。也就是說，書中最早的作品是四五十年前的。讀者不免會納悶，大半個世紀之前的東西還有用嗎？

還有一點也很要命。文案讀者們買文案大師的書，會非常關心作者有沒有寫過很多金句。雖然，會寫金句是對文案職業的一個天大誤會：一個文案最厲害的其實並不是寫金句，而是對策略的創意表達。**哪怕沒有任何金句，能夠創意表達策略，就是一個優秀的文案。**

我們看了一下尼爾的所有作品，幾乎沒什麼金句，僅有的幾個金句，都帶有髒字，不雅俗共賞。沒有「人頭馬一開，好事自然來」、「地球人都知道」、「鑽石恒久遠，一顆永流傳」這樣大眾級別的金句。

當時《文案之神尼爾．法蘭奇》這個產品，就存在這些缺陷。

對消費者來說，新一代的九〇、〇〇後消費者，很多都不知道尼爾，也根本不看以前的書了。一個產品不被消費者關注，你要賣出去就非常麻煩。可那個節骨眼上，我們好不容易四處籌齊錢，提前匯到了尼爾的帳戶。作為這個專案的負責人，我們的壓力非常大。那段時間，我們經常想，如果專案失敗了，我們得回到北上廣進廣告公司重操舊業，先把債還掉。因為我們從銀行貸了款，錢先給了尼爾，要是書沒賣出去，砸在手裡就只能算自己的。

**《文案之神尼爾．法蘭奇》四P**

- **四P之產品**
  新版、正版
- **四P之管道**
  網路、舊書店
- **四P之價格**

## 二〇〇四年人民幣價格兩百元，盜版炒到上千元

**• 四P之推廣**

**無人推廣，地下流傳**

有個小插曲，我們到現在還記得。我們那家公司當時有好幾個專案組，有個專案組，上一年度的銷售額不夠，我們就把我們專案組那一年賣書的所有銷售額免費給他們沖抵。當我們做《文案之神尼爾．法蘭奇》缺錢，找他們支援時，他們查了一下淘寶盜版的銷量，看到淘寶上全是幾塊錢的電子書掃描文檔，價格低不說，賣得也不怎麼樣。憑什麼你們賣正版，定價人民幣一六〇元，就能做起來？他們嚴詞拒絕，我們心裡真是涼透了。在利益面前，人性和感情很難禁受住考驗。

先說**產品**。原來是舊版，我們做成新版；原來是盜版，我們拿到了正版。

管道上，盜版只能在網上、舊書店上零星買到，大部分盜版商都賣電子版，紙本書有的炒到人民幣上千元。當時我們這行有個網紅，他後來轉型做行銷諮詢去了，他靠賣盜版的影印本掙了一筆小錢。更可怕的是，他為了賣書，硬是把盜版說成正版，混淆視聽，嚴重影響後續正版的發行。這是為什麼我們後來的賣貨文案要揭穿他。

**價格**上，二〇〇四年盜版的價格是兩百元，盜版舊書炒到上千元。二〇一六年，廣告行銷人很少再花大錢買很厚的專業書。以前網路資訊不發達，廣告行銷人怎麼找參考資料呢？專門有送書上門供挑選的書商，這些到處上門賣書的書商，賣的全是市

面上沒有的高品質作品集。大都是A4紙大的開本，幾釐米厚，全彩印，動不動就是人民幣兩百元、五百元、一千元一本。在那個年代，尼爾的書賣兩百元都算便宜的。隨著社交網絡二〇〇九年崛起後，所有稀缺作品、資訊基本上都能在網上找到。別說幾百元一本的書，上百元的廣告專業書，買的人都越來越少。尼爾的書無疑也面臨同樣的問題。

**推廣**上，《文案之神尼爾・法蘭奇》在地下流傳很廣，盜版猖獗。具體到九狀更細節的內容，我們全部拎出來，你會看得一清二楚。

**《文案之神尼爾・法蘭奇》九狀**

- **成為第一**

  被譽為「文案之神」，至少亞洲文案第一

- **擁有特性**

  世界級長文案領袖

- **領導地位**

  前奧美全球執行創意總監，大師中的大師

- **經典**

  尼爾・法蘭奇本人授權，首次正版

- **市場專長**
  專門講平面媒體長文的策略和撰寫，給大牌也能賣貨的長文案之道
- **最受青睞**
  文案策略必讀、優秀前輩爭相推薦、大佬級粉絲眾多
- **製作方法**
  小開本、中英作品三合一、簡體中文、尼爾獨家採訪
- **新一代產品**
  十三年來，第一次正版
- **熱銷**
  三個盜版，地下暢銷十三年

**成為第一**：尼爾在亞洲文案領域是第一名，蘇秋萍這種華語廣告教父級別的人都奉他為老師，所以叫「文案之神」。

**擁有特性**：老爺子非常擅長寫長文案，可以不依賴任何圖像，文字本身就是圖像的經典作品也很多。他是一個寫作能力超過小說家的文案。很多國外小說家，出了書都找他寫推薦。

**領導地位**：他是前奧美全球執行創意總監，大師中的大師。

**經典**：我們這次是把盜版裡最強的東西繼承下來，同時還是正版授權。絕對正宗

對不對？

**市場專長：**我們剛剛講了，他成長在平面廣告時代，平面長文案是他最厲害的。他很能擊中消費者的痛點。很多人以為，賣貨文案只能在賣場、小廣告和電商詳情頁上出現。尼爾證明了，不管你是亞航、馬爹利，還是其他世界級大品牌，都能夠用賣貨文案去賣貨。區別在於你有沒有這個能力，這是我們去年重新看他的書，驚人的一個發現。

**最受青睞：**毫無疑問，凡是做文案的、做策略的前輩，都爭相閱讀他的書，學他的廣告手藝。

**製作方法：**為了讓盜版顯得有格調，深圳盜版書商仿了一個繁體字本，字非常小，閱讀舒適度非常差，但會給人一種來自港臺的感覺。眾所周知，以前港臺地區的廣告人非常吃香，大陸廣告圈就一直流傳一個鄙視鏈：大陸看港臺，港臺看歐美。

盜版的開本也不友好，太大，不方便攜帶。我們做小開本，且第一次將中文、英文、原作圖片全部放進書裡。為什麼要這樣做呢？方便讀者對翻譯有疑問時，回到原文查證。還有一個用意，就是解決高定價的問題。

同時，為了讓新版正版《文案之神尼爾．法蘭奇》有極大的差異化，我們在新加坡採訪了尼爾一上午，邊喝邊聊，喝到最後酒喝嗨了，他有點大舌頭的狀態。

**新一代產品：**十三年來，第一個正版。

**熱銷：**當時市面上有三個盜版，地下暢銷了十三年。為了學起來不那麼繁雜、枯燥，我們先簡單列點，讓大家感知一番。實際上，我們在做功課的時候，經常為了賣一個產品，可能資料就要看兩三天。

像我們給林桂枝賣她的創意課，我們那兩天不接待任何人，也不出去，就坐在我們家的沙發上，從早看到晚，整整看了兩天，把國內外所有能找到的她的中文採訪和作品全看了一遍。

把《文案之神尼爾．法蘭奇》所有打動我們的觀點拎出來，打動我們的賣點拎出來，打動我們的作品拎出來，這之後才動筆，找一個點，開始把它猛地放大。一頓分析，你會發現《文案之神尼爾．法蘭奇》這本書最強的信任狀有三個：

第一個，豆瓣評分最高的傳奇文案書。這就是第一。特性是「傳奇」。

第二個，盜版暢銷十三年。這個屬於熱銷。

第三個，終於出正版了。這個屬於經典。

這三個巨大的事實，就是消費者購買的巨大理由。你要把這些資訊，融入你的文案賣貨「吸簡催」三步裡去。

## 吸——吸引關注

吸引關注主要有三個方面：

**第一，標題。標題決定了一半以上的銷量。**

標題到底來自哪裡呢？標題一定要把消費者最關注的問題，轉化為購買理由。

尼爾這本書，消費者最關注的是什麼？買不到正版，哪裡搜都搜不到，而且很多殘次爛渣，這個是消費者最痛的地方，我們要幫他解決。所以，我們在標題裡面一定要講能買到正版了。很多人不敢把賣貨的資訊放在標題中，怕別人看完會走掉。千萬不要怕，看完標題掉頭就走的人，壓根就不是產品的目標受眾。他早走早好，不浪費你的時間，也不浪費他的時間，他感恩你還來不及。你的標題遮遮掩掩，正文摳摳搜搜、坑蒙拐騙，騙人家看到最後，才發現不是自己要的產品，他不僅要罵人，還得把你封鎖。

這裡有個技巧，如果你剛開始不知道怎麼架構賣貨文案，你就問這個產品最誘人的地方有哪幾個點。首先把它轉換成消費者能接受的話，再自問自答，答出來之後再轉換成消費者能聽懂的話。最後進行裁剪，寫成一篇順暢的文章，讓消費者看完之後要麼馬上就買，要麼再也不買。

**第二，小標題。小標題就是最能打動消費者購買的三個證據。**

證明產品確實牛，此時不買更待何時？

**第三，反轉觀點，化負面為正面。**

因為有一些不利於產品的觀點在市面上流傳，所以你一定要寫出強而有力的觀點反擊。

比如，尼爾沒有什麼金句，我們就跟消費者說「能寫金句並不是文案的基本功，那些脫離了產品銷售能單獨傳出去的金句，是不負責任的產出。」確實有很多文案金句，它們寫得特別有流傳度，一直在人們嘴邊口口相傳，可就是不賣貨，像這種金句就是失敗的金句。

比如，有人擔心書過時了，我們就要向他們證明，這本書並不過時。怎麼證明呢？這都是賣貨文案要去解決的。

總之，吸引關注上，你要記住三個點：

第一，把最大的購買理由放進標題中。

第二，用三個小標題去支撐你的大標題，讓他順著大標題和小標題一氣呵成看到底。看完得讓人感覺，這產品太牛了，就是為我量身定製的。

第三，所有購買中可能會有的疑慮，全部先打消。真的值這麼多錢嗎？真的不過時嗎？我真的有必要看嗎？書中案例多是平面作品，在短影音時代，我還需要嗎？所有的負面認知，你一定要把它們擠走。你要有非常強烈的反轉觀點，這個非常考驗你的認知。

## 簡——簡介產品

簡介產品就兩點：第一產品很牛，第二能讓你牛。

**第一，產品很牛。**

寫的過程，一定要讓人覺得產品很牛。如果你寫下來，人家讀完不覺得產品很牛，抱歉，一定沒人買。

產品怎麼讓人感到牛呢？你要把產品生產到銷售過程中最重要的三個點（產品構成要素、生產產品的人、生產過程）拎出來。

通常**一個產品有三個構成要素，第一要素是購買理由**，他為什麼要買這個產品？他要買的是牆上的孔，而不是電鑽。**第二要素是實體產品**，通過什麼方式包裝成看得見摸得著的產品外觀。牆上打孔的產品，可以做成鐳射，也可以做成電鑽，滿足同一個需求的產品的形式是不一樣的。**第三要素是周邊產品**，即配件、禮品、贈品、衍生產品等。

產品構成要素是我們了解產品從虛到實的一個過程。具體來說，在生產流程上又有三個點。

生產產品的人是誰？產地在哪裡？所有的產品，背後都有生產它的人和產地，這些你一定要去了解清楚。

生產的過程到底是怎麼樣的？你一定要非常熟悉。

當你了解清楚產品構成要素、生產產品的人和產地、生產過程後，這個產品基本上就長在了你的腦袋裡，隨時隨地任何人來挑戰，你都可以一一擊破。只有他不想買，沒有你解決不了的問題。

**第二，能讓你牛。**

一定要讓人感覺到這個產品跟他有關。你得好好注意了，我的朋友，一輩子一次的機會，你能不能抓得住就在這個地方。你一定要讓他感覺到跟他是有關的。同時，他用了這個產品也會變得牛。

## 催——催促下單

催促下單就兩件事情：一是解決價格顧慮，二是設置激勵政策。

**第一，解決價格顧慮。**

我去別的地方買會不會更便宜呢？我明天買會不會降價呢？

你會不會是自己玩了個價格技巧？

你要幫他做對比。跟盜版比為什麼它更便宜？跟自己的靈感本比為什麼它很便宜？我們幫你算帳，比如說人民幣五萬元為什麼便宜？因為這是管你一輩子的戰略，多麼便宜的事兒。你要幫他把大帳算成小帳。一年一萬元，看起來很貴，平攤到三百六十五天，看起來就沒那麼貴了。

你要把經濟帳算成感情帳。一杯牛奶人民幣兩百元，是不是有點太高了？親愛的這一點都不高，這是助你寶寶成長的稀有奶，寶寶的成長一生只有一次，錯過了回不了頭。力所能及，你要不要給寶寶最好的？所有家長都有這個軟肋，你幫他算帳，他就心裡有底了。

你要做額外的產品幫他做對比。我們當時為了讓《文案之神尼爾．法蘭奇》的價格立得住，特地做了一個只有一百頁的《未使用素材》筆記本，賣人民幣三十元。《文案之神尼爾．法蘭奇》上下兩冊一套書七四二頁，賣人民幣一六〇元。消費者自己就會算帳，一百頁的筆記本三十元，那麼七四二頁的《文案之神尼爾．法蘭奇》至少也得二二二．六元。

（30÷100×742）元，而它的實際定價一六〇元，是不是很便宜？

解決價格顧慮的同時，產品的負面認知，你也要幫他解決掉。我們後面會回到《文案之神尼爾．法蘭奇》的賣貨原文，逐句給你講解，每一句為什麼當時那麼寫。

逐句揭開賣貨文案背後的祕密，很冒險，等於魔術師自己破功。但我們不怕，因為我們寫任何賣貨文案，都堅持兩個基本原則：

一是產品一定是我們試用過的，我們比任何人都更了解這個產品。至少我們取的那個角度裡，不會有人比我們更了解產品，誰來戰都不怕。

二是我們寫任何賣貨文案都是基於事實去寫，不會隨便放大認知。如果我們知道這個產品對你有用，一定會大膽告訴你，一定會催單，而且我們會認為我們是在幫你，不是在掙你的錢。如果這個人不識好歹，我們認為他就是自己錯過了機會，我們從來不會覺得不好意思。

**第二，設置激勵政策。**

你想，消費者看到最後面，他有錢，也想買，但就是希望你寵他一下，給他一點甜頭，讓他立刻行動。**消費者不是沒錢，他只是享受討價還價的過程**。那你就寵著他，設置激勵政策，如早鳥價、限時、限量、簽名、贈品、優惠等。這些我們會在第二章中一一展示出來。

初級文案賣貨「吸簡催」的理論部分差不多就是這樣。你一定要反覆閱讀，快速熟練掌握。這個理論不是我們原創的，它源自一個古老的愛達公式（AIDA：注意、興趣、欲望、行動），我們只是根據自己的實踐，挖掘出了它適合當下中國市場的所有運用細則。很多人都以為這個公式失效了，其實只是他們不會用，它是文案用於賣貨最好用的公式。

當時，所有的東西了解完後，我們就出了一個策略，要把《文案之神尼爾．法蘭奇》賣好，就一個點：截流盜版。一定要把盜版的流量全部轉到正版上。

如果不能把盜版的流量轉到正版上，正版一定賣不好。因為盜版已經封神了。消費者大多不會糾結自己買到的是不是盜版，不要去道德綁架，他們非常討厭這套。你去海底撈吃鮮鴨血，你一定不會說這是巴奴原創，海底撈抄襲我不吃。說起來不道義，但商業就是這麼殘酷。消費者又沒有巴奴的股權，他們只在乎，鮮鴨血是不是出了巴奴就沒有那麼好吃。事實證明，別說在海底撈，在任何一個街邊火鍋店吃的鮮鴨血都非常好吃。所以消費者不會在乎。

賣貨策略定好後，往下就是馬上翻譯成寫作邏輯。**賣貨文案，如果說邏輯設計有**

**什麼非常重要的點，就八個字：環環相扣，步步證明。**

我們寫的每一個觀點、每一句話，都是有證據的。跟法庭上的辯論是一樣的。不是空口白牙亂喊，不是隨便說「東半球最好的手機」這種沒有信任狀的說辭。不可信的說法，你說一萬遍都沒用。

**具體撰文的過程，有五個原則：由淺入深、通俗借勢、多用證言、催促行動、常見問答。**

一定要由淺入深。慢慢地深入，慢慢地勸誘。當他花的時間越多，看著看著他就進來了，你都不用再催，他自己就會看下去。

一定要通俗借勢。你講得費勁巴拉的，消費者就不想看。要流暢感還要看得懂，有爽感就非常好。我們行文中隔三岔五埋入金句，就是這個道理。金句是鉤子，在他快要眼神游離的時候，你突然給他一個劉亦菲；在他精神要渙散的時候，你突然又給他一個瑪麗蓮夢露，不斷地牽引著他朝著你的目標讀下去。

一定要多用證言。證明你賣的產品確實很好，不是你說好，你說好有「王婆賣瓜，自賣自誇」之嫌，消費者不相信。大家都說好，消費者是不是也會好奇，想了解一下呢？

一定要催促行動。任何時候都不要猶豫，你的目的就是要賣貨給他，你到最後一刻還不催單，那就是浪費消費者的時間，不尊重自己的勞動。好比兩人談戀愛，談了三年，對方終於忍不住要和你進一步發展，你還一本正經跟人談詩詞歌賦、人生哲學，是不是太虛偽、太不懂事、太不尊重彼此？

一定要有常見問答。一篇賣貨文案，總有一些問題，你在正文裡寫不完，又很重要。這種就以常見問答的形式列個重點清單。產品的第一個賣貨文案，常見問答尤其重要，它能統一減少你很多售後工作。如果你不給常見問答，你的後臺就老出現這種問題：能不能開發票呀？買十本會不會便宜一點？能不能幫我簽個名呢？快遞是從哪裡發出來的呢？發什麼快遞呢？港澳臺海外能發嗎？含運嗎？產品破損找誰？大量這樣的資訊，一個通用的問答範本就搞定了，不需要每次都費口舌重複回答。

當你把這些疑難問題都解決了，後續你要動態更新賣貨文案。賣貨過程中消費者的回饋可能給你賣貨文案新發現，他會說產品哪裡好哪裡不好，甚至幫你發現你沒想到的買點，你要即時提煉並放進去，同時要不斷拓展購買人群。

為什麼說知識產品的文案賣貨更值得一學呢？知識產品通常是單次消費，比能高頻率重複賣的產品賣貨難度更大。沒有哪個人會一本書今天買、明天買，後天還買。

這個時候擴大人群、增加銷量、增加市場就很重要。同一個人反覆買同一本書比較難，只能鼓勵他送人，買來送親朋好友。

詳細的案例會在第二章中進行介紹，我們繼續把文案賣貨的第二種情況講完。

# 高級文案賣貨「找三能」

第二種情況，可以改產品。能改產品就好辦了，你能先定好打動消費者的購買理由，再按照這個最強有力的購買理由去設計產品。從命名、包裝、物流、定價，到前面說的三角、四P、九狀，都可全部改好，再設計進產品裡。

能這樣改產品，你的產品便不愁賣，因為你一開始就是沿著消費者的心動點一路設計產品。

可以改產品，我們就要上高級工具——文案賣貨「找三能」。

二〇一七年版的《文案之神尼爾・法蘭奇》，賣了一萬套，我們就把版權轉給了另一個出版社，退居到特約策劃的角色。市場給了我們很多猛烈的回饋，也讓我們看到了這個產品可改進的主要空間和方向。

主要是翻譯問題。有人說二〇一七版的《文案之神尼爾・法蘭奇》就是百度翻譯的水準。我們不是專業翻譯，翻譯能再改進，這點我們也認可。不過，說得有點誇張，那版的翻譯也沒那麼差。翻譯問題的很大原因是，有部分人先入為主，喜歡盜版，心智難以改變，只能說信就信，不信也別去強求逆轉人家的愛好。不信你的人，你跟他們多說也沒有意義，一個人民幣一百多塊錢的產品，讀完如此詳盡的賣貨文案還看不到價值，就沒必要再多費口舌。因為不相信我們，十年之後才發現是本好書，吃虧的是誰？絕對是他自己。

坦白說，尼爾的書，如果完全學他的口吻寫文案，在中國能駕馭的文案人非常少，即便學到了他的神，能接受的客戶和傳播場景也極其有限。這本書真正的價值，是他非比尋常的策略，這是永遠不過時的。

我們賣知識產品這麼多年，擁有很多老顧客，絕不是因為我們長得帥，是因為我們會嚴格篩選，且實事求是給他們推薦好產品，買回去他們用了也確實受益了。一個人你騙他一次，就沒有第二次第三次第四次購買，對不對？

你一定得客觀看待市場回饋回來的產品問題。當第二家出版社買走版權，再版時，我們重新請翻譯專家改善翻譯，重新改善設計，按照名著的規格做成精裝。同時，更正了十幾處過去讀者發來的可修改的小錯誤。原來的平裝，改為精裝後，很厚很重，上手很沉，看起來超值錢。買過第二版的，可能還記得，外箱包裝設計得特別大，還送了一個巨大的定製滑鼠墊，一眼給人四本書的樣子。

**賣貨文案不要去講那些高科技的東西，消費者不是專家，沒時間去細品它的好，你應該在他五官可感的地方下功夫。眼睛能看出產品的包裝、大小、顏色、造型；手能摸到產品的質地、紋理、輕重；鼻子能聞出產品的氣味；舌頭能嘗出產品的味道；耳朵能聽到產品發出的聲音。**

我們經常講認知大於事實，要利用消費者認知，那該怎麼做呢？做到可感知。如果這個認知不可感知，就相當於不存在。從五官可感去抓點，寫出來的文案，一定是消費者一看就懂的。

很多產品，升級時只改顏色、尺寸、款式等，就因為好操作，消費者又非常可感知，一眼就能看出來。而很少說新產品品質怎麼更好，因為品質太抽象，不好感知，也不好驗證。

可以改產品，我們就能從源頭開始改善賣貨。所以文案賣貨「找三能」，核心是捕捉需求，產銷設計。從產品開發到最後銷售，整個鏈路旅程全部設計進去。記住一點，圍繞購買理由去設計，往上三角、中間四P、底下九狀，全部都考慮清楚。做出的產品，想要不好賣都非常難。

什麼是文案賣貨「找三能」呢？一能，找能買；二能，找能做；三能，找能賣。

## 找能買、做驗證過的、隔行改造

優先做已經被驗證過的產品，尼爾的《文案之神尼爾．法蘭奇》就是已經被驗證過的好產品。iPod也很聰明，直接改善新加坡創新科技公司的產品，改得更酷更暢銷。被驗證過的產品，你重新做一次，大概率也能大賣，因為它被消費者接受過，需求非常旺盛。

你可能會說，我們行業被驗證過的產品都被做得差不多了，那就隔行改造。我們就喜歡去看非廣告行銷類的圖書的榜單，人家怎麼做系列，人家怎麼設計，人家怎麼吸引購買，人家怎麼設計書名和結構，人家怎麼行銷，等等，買回來研究琢磨，它們能成為爆款，通常你複製到你的行業，用你的方式調整做一遍，也能大賣。

文案賣貨，
如果說有唯一的祕訣，
那就是貨本身好賣。

一個成功過的產品，
你要想想能否在
時間、空間、人群、
年齡、價格、場景上，
擴大賣貨。

# 第1步 找能買：找、改、跨

文案賣貨，如果說有唯一的祕訣，那就是貨本身好賣。就像拍出美照的真正祕訣，是人本身要美。

貨本身好賣，文案賣貨就只不過是對好賣的貨做簡單翻譯。好賣的貨，不是做出來的，而是找出來的。找又有三種：

## 第一，找

好賣的貨，基本上都在市場上出現過，我們要做的就是，放棄逞強，把它們找出來，再賣出去即可。

怎麼找呢？去成功過的市場上找。

比如，把國外成功的產品，引進到國內。可口可樂、麥當勞、紅牛等國外知名品牌進入中國，就是這種。

比如，把某個城市成功的產品，複製到其他城市。喜茶、奈雪的茶、真功夫從區域品牌發展為全國品牌，就是這種。

比如，把過去成功的產品，隔幾十年，稍作調整再次賣到市場上。經典圖書再版、經典影視作品翻拍、經典歌曲翻唱，就是這種。

總而言之，一個成功過的產品，你要想想能否在時間、空間、人群、年齡、價格、場景上，擴大賣貨。

好賣的貨，就在市場上，我們要做的就是找出來。

在確認自己有賈伯斯那樣的天賦之前，不要有英雄主義情結，不要去亂創造，老老實實找好賣的貨，勝過一切。

## 第二，改

商業發展至今，大部分好的機會，可能都被前人占據了。很多時候，好賣的貨可能都被別人找得差不多了。這個時候，你可以換個方式，就是找到好賣的貨，再根據消費者的需求和心智特徵，改出一個新的好賣的貨。

比如說，冰墩墩[7]被驗證是成功的，那麼我們就可快速進行改造。

改大小，改成極小可做耳墜，改成極大可做城市雕塑。

改材料，改成能吃的蛋糕等。

改用途，改成游泳池、儲蓄罐、沙發等。改部分，只保留上半身等。

總而言之，你可以讓成功過的產品，跟任何一個行業的已有產品，進行組合改造。這樣就能有效轉移成功認知，成為新產品的勢能。

### 第三，跨

有的時候，找到同行做過的成功產品，你跟著做一遍，很有可能被說成跟風，被說山寨。還有一個討巧的方式，是跨行業找。

也就是說，你去看其他行業歷史上的爆款，再回到自己的行業進行跨行業平移，這樣好賣的機率也會大大提升。

比如，小米對無印良品的跨行業平移，全季酒店對無印良品的跨行業平移，就是最典型的範例。

當你看到別的行業出了爆款，一定要第一時間聯想，平移到我們行業，我的企業，能怎麼做呢？

找、改、跨，本質上就是，盡可能一開始，找的產品，就凝聚了消費者的優勢認知。我們只要做好需求匹配、認知翻譯，提供購買便利。通常來說，寫出來的文案，想不賣好，都非常難。

---

7 註釋：二〇二二年北京冬奧吉祥物。

## 找能做：專業可靠、有影響力

一旦你看到產品能做，有人買，就要趕緊做出來。要找別人幫你做，別老想著全部自己做，那得累死，時間長，周轉期也長，對生意麻煩。

除非你就想做小，那自己全包沒問題。像我們文案賣貨就是，我們親自賣貨十年，累積了十幾個非常好的案例，才開始系統總結。因為我們就是要把這點打爆。

一定要找專業可靠的人，你的產品品質才能過硬，你行銷怎麼吹牛都沒問題。為什麼很多人吹完牛，產品一出來就啪啪打臉，因為產品品質不夠強。行銷能解決第一次購買，可回購要靠產品品質來保障。我被你騙了一次，發現你的產品不行，我肯定不會來第二次。第一次賣貨你怎麼耍花招讓我買，都沒有關係，我用完發現產品確實好，第二次、第三次、第四次我還會買。

再來就是要找有影響力的人來做。一個能力八十分，沒名氣；另一個能力七十分，超級有名氣。肯定選七十分那個合作。有名氣本身就是一個巨大的流量、巨大的背書、巨大的銷售入口。

你看，是不是每個環節都在考慮和設計賣貨的觸點？

產品只是好賣的外衣，
真正長久好賣的是標準。

自己做，
學會做產品的判斷；
找人做，
提高做產品的效率；
做標準，
拉高對手們的門檻。

## 第2步 找能做：自己做、找人做、做標準

現成拿來就好賣的產品，畢竟還是少數。更多時候，是我們找到了好賣的貨的標準，還得去生產出來。

這時候，找到能做好貨的人極為重要。找這種人，分三個階段。

### 第一，自己做

你可能會疑惑：寫個賣貨文案，產品還要我們自己做？

其實，這是從賣貨文案的角度去創業。是的，你沒有看錯，賣貨文案是可以倒推出創業要做什麼產品，才可能賣得好、做得起來的。

這個模式，比之前我們說的文案賣貨「吸簡催」，高不知道多少個段位。

既然是從文案賣貨推導創業，第一個階段最好就是自己做產品。自己做產品，就是親自打樣產品從開發到賣出的全過程。只有自己做過，才能真正掌握每個環節的重點和判斷標準。

有了這一步，才可能走到後面兩個階段。

**第二，找人做**

自己做，速度是最慢的，從賣貨效率來說，是不划算的。

掌握了研產銷全流程的標準後，就要著手去找人做。換句話說，找到比自己做產品做得更好的人，委託給他們做。這樣既可以彌補自己的經驗和能力限制，還可以多產品並線同時開發。

比如，我們之前出版的《幕後大腦》和《幕後大腦2》，就是這樣的產品。當發現這樣的奇觀式大規模攻克行銷難題的分享好賣後，我們就制定了統一的撰稿標準，找到更合適的老師去寫。

只是找人做的時候，一定要注意，名利分配好。如果錢實在是不夠分，那就不要占用對方太多時間。

否則合作難以長久。

**第三，做標準**

找人做好賣的貨，最高的境界是做標準。我們只要預測出市場上好賣的貨，從賣貨文案的標準，倒推出產品的開發標準，再整合相應的人、財、物，最高效高質做出來即可。

產品只是好賣的外衣，真正長久好賣的是標準。

所謂**一流企業賣標準，二流企業賣品牌，三流企業賣產品**。落到產品上的標準，就是你看完後，知道該拆成哪幾步去實現。

比如，《幕後大腦》的標準是，請一百個總監或創始人級別的廣告行銷人，每個人找一個多年來的行業難題，寫一千五百字左右的自我探索經驗。

它的操作步驟和判斷標準就非常清晰，出現誤解，拿出來比對就好。

做標準，尤其要注意兩件事：一是要嚴守標準。像《幕後大腦》，有好些作者寫成了自我吹噓的軟文，我們就沒採用。

二是根據商業環境的變化和消費者的回饋，不斷改善標準，越做越好。

自己做，學會做產品的判斷；找人做，提高做產品的效率；做標準，拉高對手們的門檻。

## 找能賣、賣貨管道、使用場景

首先你要寫好一篇賣貨文案。

賣貨文案寫好後，一要不斷找銷售管道，讓他們去賣你的產品。二要增加使用場景。開始可能是你一個人用，能不能兩個人用？能不能三個人用、組團用、隔空用？冬天用的能不能春夏秋用？增加產品的使用場景，使用場景一增加，銷量自然就更多。

或者讓同一個人買更多，特別是賣日常消耗品時，尤其要鼓勵多買；或者是同一個產品讓更多的人來買。

擴場景，
不是亂加場景。
而是要順應消費者認知裡
已有的場景，
做自然擴張。

賣更多三個點：

減環節、提價格、增頻率。

減環節，成本更低。

提價格，利潤更高。

增頻率，交易更快。

# 第3步找能賣：管道、場景、人群

找到了好賣的貨，或找到了人做出了好賣的貨，下一步就是得找個好賣貨的地方。好賣貨的地方，主要看三點。

## 管道

廣告把認知放進消費者的腦袋裡，管道則是把貨鋪到消費者眼前。要賣好貨，首先就得找到合適的管道。要找到合適的管道，首先得找出消費者日常生活、工作經常出沒的地方，再選擇一個點集中突破。

以「用好定位」這個課程專案為例，它的消費者主要出沒在廣告公司、行銷公司、企業市場部，所以高鐵、機場、廣告行銷自媒體、行銷培訓代理等，這些都是我們可以去推廣的管道。

但是，剛開始，我們預算不足，大部分管道我們都不可能去賣貨，只能先從我們熟悉的廣告行銷自媒體——廣告常識開始。

是的，實際操作的時候，管道的切入點，很多時候還是會直接受限於手頭的資源，而不是絕對科學。

等到切入以後，就要遵循集中、就近、高能三個原則去鋪開。

## 場景

管道再往下找更具體的賣貨地點，就是消費場景。

**熟知消費者的消費場景，有兩個好處：一是清楚在具體的管道裡怎麼擺貨，怎麼做管道內的端架等陳列廣告；二是做廣告的時候，賣貨文案會更精準、更有殺傷力。**

像這些，都是常見的場景式賣貨文案：

- 今年過節不收禮，收禮只收腦白金。
- 喝王老吉，過吉祥年。
- 招財進寶，喝加多寶。
- 支付就用支付寶。
- 理想生活上天貓。
- 不上班就穿芬騰。
- 累了睏了，喝東鵬特飲。

還有的時候，原本只是賣一個場景，增加場景直接就能提升銷量。烏江榨菜曾經就從下飯的單一場景，擴大到炒肉、燒湯、夾饅頭、蒸魚、燜肉、涮火鍋、送粥、泡麵、下飯九個場景，銷量自然蹭蹭蹭往上漲。

王老吉也做過擴場景的事情，從廣東本地人喝的偏方的場景，擴大成預防上火的全國人都能接受的大場景；從夏季到冬季，從生活上火到工作上火等多種場景。

場景是消費的具體示範，一說出來消費者就會對號入座，賣貨力超強。

擴場景，不是亂造場景，而是要順應消費者認知中已有的場景，做自然擴張。比如，一個賣粽子的品牌，非要造出個一日五餐的場景，就是不切實際的。

## 人群

比場景還能喚醒消費者購買衝動的是，直接點名某個人群。

比如這種：

- **更適合中國寶寶體質（飛鶴奶粉）**
- **送長輩黃金酒**
- **兒童感冒用護彤**
- **孩子不吃飯，兒童裝江中牌健胃消食片**

- **更愛女人的汽車品牌（歐拉）**
- **向成功的人生致敬（8848 鈦金手機）**
- **為發燒而生（小米手機）**

**直接點名消費者，看似放棄了很多消費者，其實恰恰因為有限制，反而更能吸引人。**

但有的時候，人群對位沒做好，也會翻車。李寧曾經主打過的「九〇後李寧」就是血的教訓。這一波行銷打出後，九〇後不買帳，原來的忠實用戶受到傷害，也不再理會。兩頭不落好，被所有人拋棄。

人群最好是品牌初創的時候打，一旦成熟，面對不是絕對熟悉自己的消費者，翻車就是分分鐘的事。

另外，**關於人群，我們要關注的是可能買的人數，而不是絕對人數。**

什麼意思呢？

十萬個人和十個人，看起來前者絕對人數更多。

但是，如果十萬個人裡只有兩個人可能會買你的產品，

而十個人裡有八個人有意向買，如果沒有其他意外原因，我們就應該優先關注後面的十人。

當然，找到以上好賣貨的地方之前，得先寫好賣貨文案。

寫好賣貨文案三部曲「吸簡催」，我們前文中介紹過，這裡不再重複。

你有沒有發現，初級文案賣貨「吸簡催」，就是高級文案賣貨「找三能」中第三步「找能賣」的一個小環節。**高級文案賣貨三步走，相當於從賣貨角度，教大家怎樣從〇到一開發一個能賣好的產品**。如果開發出的產品能暢銷還能長銷，你就能創業成功。我們過去有大量從〇到一做產品的經歷。所以，我們對這三步的運用非常熟練。

記住，自己做不如找人做，千萬別覺得自己有多牛，能找到其他牛人幫你做是最好的。就生意而言，做產品不如做標準。你先做一個標準，然後不同環節找不同牛人做。你說誰獲益多？肯定是做標準的。

不要倔強，不要把自己放太大，覺得老子天下第一、很牛，對市場的敏感度堪比狗鼻子。不要這樣想，好賣的貨就在那裡，不用創新，關鍵是找到那個能賣的產品，重新做出來、賣出去。凡是不遵守這個經驗的人，大都慘澹收場。創新看起來很榮耀，但如果不是巨頭的話，承擔不起開發成本和推廣費用，榮耀和盈利之間，你到底選哪個？

以上這些都做好了，最後還有一個環節，就是賣更多。

## 賣更多

怎麼賣更多呢？

三個點：減環節、提價格、增頻率。

### 減環節，成本更低。

新產品剛開始，從生產到銷售，可能有十個環節，你能不能減到三個環節？每減一個環節就是在減成本，就是在增加周轉率。你的生意一定會更好，產品也會賣得更快。

### 提價格，利潤更高。

提高價格就是提高利潤，要想盡辦法在消費者的認知區間裡，提到最高價格。我們二〇一五年做第一本書，就跟消費者說，這本書永遠不降價。相反，我們是一年一年漲價。《文案之神尼爾・法蘭奇》也是，定價是人民幣一六〇元，預售期早鳥價一四〇元，上市過了第一波銷售高峰，書越賣越少，開始漲價促銷（是的，漲價有時候比降價更促銷），一路漲到一八五元，最後套裝賣到二二五元。

越賣越貴，利潤越來越多，想買的人也越來越多。消費者相信漲價一定是很好賣、很稀缺。如果不好賣，還天天發廣告打擾消費者，豈不是神經病？好賣，所以漲價，一直發廣告，這是一個很通的邏輯。

很多時候，我們陷入專家思維，覺得我就是做廣告行銷的，我天天洗腦別人，你還能洗我的腦，硬賣東西給我？這種想法太天真，沒有尊重自己也是一個普通人這件事。

我們不用去駁斥這種觀點，看人性就好，抓著人性一通打，除非不需要，需要的時候他一定會買。問題不在於我們怎麼寫賣貨文案，而在於這產品他本來就需要，我們恰好以更省時更省事更省錢的方式給到他，僅此而已。

## 增頻率，交易更快

一定要讓消費者用得更多，幫你宣傳。一星期一次的，變一天一次，消耗量就大，回購就更多。一年逛兩次海瀾之家就是增頻率，烏江榨菜從吃飯場景到燒菜、夾饅頭等九種場景，也是增頻率。頻率一增，消費就更快，你的收入也就增加更快。

除了交易頻率的增多，還有一種方法是增加消費者接觸廣告的頻率，同樣能更好賣貨。如朋友圈的賣貨海報，就很好地增加了消費者接觸廣告的頻率，從而提高交易效率。

簡單複習一下文案賣貨的兩種情況。第一種情況，不能改產品，上文案賣貨「吸簡催」——吸引注意、簡介產品、催促下單。第二種情況，可以改產品，上文案賣貨「找三能」——找能買、能做、能賣。然後再通過減環節、提價格、增頻率賣更多。

# 第二章

# 案例

## 賣貨破千萬元的範文逐字逐句詳解

尼爾法蘭奇
文案範本

講完方法講案例，接下來我們就以《文案之神尼爾・法蘭奇》二〇一七年七月十四日首發的賣貨文案為例，逐字逐句揭祕。原文四千三百二十四個字，五十二張配圖，請掃前頁QRcode檢視完整文案。為了更好地揭祕背後原理，本書特地加了水滴石團隊揭祕，刪了原文圖片，呈現會有所不同。

### 標題：「豆瓣評分最高的傳奇文案書《Neil French》，十三年後終於能買到正版了

**水滴石團隊揭祕：**動筆之前，一定要先確定撰文邏輯，邏輯定好，大綱就出來了。我們前面說過，標題中要放最強購買理由。盜版書名一定要放，幾乎所有人都知道這個英文書名。「豆瓣評分最高的傳奇文案書」是我們調查出來的。「終於能買到正版了」是新版的合法排他性。盜版書名、最高評分、正版三個點甩出去，如果他都不想買，說明他不是這本書的目標消費者。

### 小標題1：曾經，不讀《Neil French》不足語文案

**水滴石團隊揭祕：**我們得找點支持，為什麼這本書傳奇？因為以前不讀這本書，根本不好意思說自己是文案。既然文案就得讀《Neil French》，當一個文案看到這句

話，他就會想：我是文案，我也一定要讀。

## 小標題2：十三年，從《Neil French》到《文案之神尼爾．法蘭奇》

**水滴石團隊揭祕：**第二個小標題，是為了把盜版的流量轉化到正版上來。為什麼要有這個小標題？因為開篇，我們告訴讀者這本書的盜版巨牛，影響了幾乎中國幾代廣告人。然後，我們筆鋒一轉，告訴讀者現在盜版買不到，只能買到這個繼承了盜版優點還彌補了盜版缺點的新正版。

從《Neil French》到《文案之神尼爾．法蘭奇》，書名變長了，完全不符合簡潔原則，但是它好賣。如果第一版就叫《文案之神》，立馬想到尼爾的人不多，不好賣貨。叫《尼爾．法蘭奇》，就更不知道是什麼鬼。《文案之神尼爾．法蘭奇》這個書名，信任狀和流量書名鎖在一起，讓讀者一目了然，賣的是一本什麼級別的書。

## 小標題3：潮流來來去去，經典永不過時

**水滴石團隊揭祕：**不是很多人說這本書過時了嗎？那我們就告訴他們經典永不過時。

潮流來來去去，經典永不過時，這是絕對真理，大家信不信？一定信。既然信，

我們就再告訴他們《文案之神尼爾．法蘭奇》也是這樣一本永不過時的經典。

## 小標題4：常見問題

**水滴石團隊揭祕：**實在寫不了的點，再放到常見問題中。這樣既不會打亂邏輯，又不會內容臃腫，還不會遺漏任何重點。

一個標題，四個小標題做證明。標題是最強購買理由、最大信任狀，小標題是輔助證據，常見問答是萬金油。當你有了這樣的大綱結構，前面調查等功課收集到的重要資訊，就可以分門別類當素材放進不同板塊，一路寫下去。

再一句一句看正文是怎麼寫的。我們劈頭第一句話就是：

**是的，《Neil French》終於出正版了，改名叫《文案之神尼爾．法蘭奇》。我要將這本打開我文案力的傳奇書，告訴每一個想提升文案的朋友。**

**水滴石團隊揭祕：**開頭激情澎湃，讀的人也會很興奮、很振奮。這句話解決一個重要問題：《Neil French》出了正版，現在他們要買的書的名字叫《文案之神尼爾．法蘭奇》。

一定要迅速讓消費者清楚他們買的是什麼產品，別介紹了大半天，別人還以為要買的是盜版的英文版。所以，我們第一時間告訴他，正版改了名，叫《文案之神尼爾．法蘭奇》。

我們寫這篇文案時很有熱情、很激動，有個原因是當時銷售壓力過大，生怕書賣不出去要打工還債，所以卯足了勁寫。我們一個非常要好的網紅朋友，看完說寫得特別好，好到他不敢發。我們問為什麼，他說寫得太有煽動力了。

第二句話，我們作為寫文案的博主，馬上出來背書，告訴他這本書打開了我們的文案力。為什麼我們說這句話大家會信，因為我們給大家寫了好幾年文章，如果我們的文案力很差的話，還有人看文章嗎？賣貨文案的作者，天然有光環效應，你要把這個光環在適當的時候賦予你在賣的產品。

「告訴每一個想提升文案的朋友」是鎖定目標人群。文案賣貨如果只有一個訣竅，就是：決定你對誰講話。如果你不是想提升文案的人，你就沒必要浪費時間。

盜版很猖狂，我們必須馬上上證據，證明我們賣的是正版。我們貼出了尼爾的推特官宣截圖，再配上說明文字：

Neil French 推特發文，宣布 Adernous 為他的中國官方合作出版商。Adernous 就是「廣告常識」的微信號。推特配圖為我們帶給他的第二版樣書，當時書名還是英文的。

**水滴石團隊揭祕：**尼爾本人發推特，還標出了我們公眾號的微信號，證明我們是正版。

為什麼要標注推特配圖是第二版樣書呢？不標，消費者可能會以為他買的也是一套黑白配。收到書發現不是，肯定會不滿甚至退貨。第二版樣書，也在為後面的銷售做對比鋪墊。

緊接著，第二段，我們問了一個問題：

**請你思考一個問題：二百二十二元能買到什麼？請仔細閱讀本文，以確保以最低的價格拿到最多的回報。朋友圈預售試銷破一千套，首印只剩一千多套，現貨先買先發，十點半前下單的，今天發貨。**

隨後配了三張書的實拍圖，底部配文：小紅本是訂製筆記本、黃藍色上下兩冊一套、左圖為尼爾．法蘭奇親筆寫的寄語。

**水滴石團隊揭祕：**這是什麼原理呢？你一說思考一個問題，讀者就真的會去想，從而攥住他的注意力。

人民幣二百二十二元（台幣約九八八元）能買到什麼？是價格錨定，他下意識會覺得書價肯定是二百二十二元，最後謎底揭曉只要一六〇元（台幣約七一二元），遠低於他最初的預期價格，他會覺得小賺了一筆。再用利益來誘惑他仔細閱讀，因為仔細閱讀帶來的好處是「確保以最低的價格拿到最多的回報」。

後面跟一個熱銷資料「朋友圈預售試銷破一千套」，強化為什麼值得仔細閱讀。「首印只剩一千多套」則是營造稀缺感。

現貨、發貨時間等，如果沒做調查，我們怎麼會知道現貨先買先發，這事這麼重要？就因為我們看到網上無數人鬼哭狼嚎說買不到，買不到現貨，高價買了還遲遲不發貨。

實拍圖和底部說明文字，是上產品圖、劃重點，也很必要。

「小紅本是訂製筆記本」、「黃藍色上下兩冊一套」、「左圖為尼爾．法蘭奇親筆寫的寄語」等三句說明文字，亮出來是以免讀者收到書說不對：我怎麼沒有小紅本？因為黃藍兩冊才是書，小紅本是限時贈品。

產品實拍圖，來自消費者曬圖，特別真實，消費者拍的照片的真實性，是官方圖片永遠無法超越的。因為每個人拍的都是打動了自己的點，像這種消費者回饋，一定要仔細收集。

文案賣貨一定要大方放出產品，產品才是最終吸引消費者的主角。

「左圖為尼爾．法蘭奇親筆寫的寄語」則讓消費者知道，拿到書，他也能看到尼爾的手寫寄語，這是他們真正在乎的。

開頭一定要簡短，單刀直入、重點突出、誘惑大。

## 第一部分

**曾經，不讀《Neil French》不足語文案**

我特別羨慕一種人，他們靠一本書，打開一個世界，憑一本書過好這一生。比如基督徒，不論遭遇何種變故和機遇，他們總能在《聖經》裡找到撫慰的注腳，連章節頁碼都能脫口而出。

文案，也曾是被羨慕的一群人，因為他們有《Neil French》放在案頭、壓在箱底，有困惑，拿起書疑雲散盡，放下書提筆上商場殺敵。

無怪乎人們封Neil為神，這一點也不誇張。尼爾．法蘭奇的同名作品集《Neil French》是十三年來，豆瓣評分最高的傳奇文案書籍——二百三十七人評價，獲得九．一分。

**水滴石團隊揭祕：**這段的配圖是盜版的豆瓣評分截圖。小標題後的所有文案，都是在證明小標題言之有理。一開始就突出這本書的領導地位「曾經，不讀《Neil French》不足語文案」，為了防止有人鑽牛角尖，有意寫了「曾經」。再描述基督徒靠一本《聖經》撫慰過好日子的巨大事實，借勢《聖經》，同時明示尼爾的書對文案商場殺敵，也有同樣的效果。

擁有尼爾的書，文案就能所向披靡的描寫，調動了人性的貪和懶。只要買這本書，就能像基督徒手握《聖經》一樣，憑一本書過好一生，這是每個有過苦難掙扎的文案，夢寐以求的事。

產品在「案頭解惑、提筆殺敵」的使用場景刻畫，也很容易讓文案等需要的人對號入座。

豆瓣評分截圖，則讓「文案之神」這個事，變得可信。正常來說，搞封神這套人們是反感的。可「霸榜十三年，二百三十七人評價，獲得九．一分」一看就不容辯駁，說神也不算誇張。這也是為什麼一定要把二百三十七人寫出來，一個人評價九．一分不稀奇，廣告行銷專業書，豆瓣評分一旦破一百人，上八分的就寥寥無幾。尼爾的書二百三十七人評價破九分，是不是逆天呢？

受新版推廣的影響，盜版評分有所回落，但還是保持在九分的水準。

前文說過，生產產品的人，是產品好的有力證明，必須把尼爾的傳奇性寫出來。

尼爾．法蘭奇可能是廣告史上獲得最多獎項的廣告人，生於一九四四年的英國伯明罕。學生時代的他是幫派老大，十六歲被攆出學校。走上社會後，經歷豐富駁雜，令人咋舌：當過兵、做過鬥牛士、幹過房地產、幹過歌手、幹過討債的、幹過快遞，開過廣告公司、搞過業務……給人最高震驚指數的莫過於他曾拍過大尺度影片。

**水滴石團隊揭祕：**用個人傳奇經歷做背書，想想尼爾的這些經歷，中國的文案們根本沒有。傳奇不傳奇？咋舌不咋舌？傳奇且咋舌。為了閱讀暢快，當、做、開、搞中間，連續用了四個「幹」字排下去。拍大尺度影片放在最後，是加深印象。最前面放獲獎紀錄，是因為在那個年代，廣告人還很信創意的力量和廣告獎的權威。獲獎和大尺度影片是重點資訊，放在頭尾位置，利用的是大腦接受資訊的首因效應和近因效應。人們對最開始和最新的資訊更關注。

**他一度是著名重金屬樂隊猶大祭司的經紀人，而後闖蕩廣告四十年，任職全球最大的傳播集團 WPP 的全球創意總監，留下傳奇廣告作品無數，被稱為廣告教父的教父。**

**水滴石團隊揭祕：**四十年跨越週期，時間是最好的證明，幹四十年還這麼出色的極少。他的最高職務是WPP全球創意總監，這是專業背書。WPP沒有知名度，所以我們要強調它是全球最大的傳播集團。留下無數傳奇作品和廣告教父的教父，再次印證尼爾的傳奇和地位。教父的教父也是頂級粉絲代表證言。

**他也是全球唯一一個，作品同時登上文案聖經《The Copy Book》（又名《文案之道》）和《定論》（印度版《創意之道》）的廣告人。**

**水滴石團隊揭祕：**我們在前期調查中發現，廣告業全球超強經典圖書《文案之道》和《定論》，尼爾是唯一一個同時登榜的人。這個資訊一出，大家肯定更想買他的書。

**尼爾儼然是中國廣告圈的大眾情人，業界學界大佬新秀通吃。微博搜索「Neil French」，蘇秋萍、楊立德、邱欣宇、李三水、范耀威、喬均、胡辛束……一串業界中堅力量或者新銳的名字，伴隨著尼爾．法蘭奇的文字、作品摘錄或者推崇出現在搜索結果裡，滿滿的全是愛和崇拜。**

**水滴石團隊揭祕：**前面講的都是有全球影響力的事情，很牛，但離消費者的生活太遠，所以我們需要拿身邊的一些人做案例。尼爾的中國徒子徒孫證言就是最好的，我們從新老、國內外、業界學界、地產等多個角度進行論證，尼爾是個無死角的大佬。不信就可以微博自己搜一下。配圖全是從這些資深廣告人歷年自己發的微博中選出來的。自然而真實。

寫賣貨文案的時候，我們隔三岔五把通過搜索能讓消費者自行驗證的線索放出來。胡辛束的配圖，我們特意截了微博輸入狀態的搜索框，就是這個目的。

**消費者喜歡看到產品介紹中，有他熟悉的東西，這樣他們更容易理解，也更有安全感，能更好地做購買決策。**這是放尼爾中國「徒子徒孫」證言的必要所在。

以上這些人，還是太牛，萬一全是尼爾送了東西給他們，他們拿人手短才這樣說的呢？雖然幾乎不可能，但我們還是要進一步打消這層顧慮。看下普通消費者是怎麼看的。

**一位豆友說得好，尼爾．法蘭奇是老師中的老師傅。**

**水滴石團隊揭祕：**大佬級粉絲說尼爾是「教父的教父」，普通消費者說尼爾是「老師中的老師傅」。大眾用戶和大佬級粉絲的說法交叉印證，重複強化利益點，豆瓣截圖有證可查。

**《Neil French》打開了無數中國廣告人的腦洞，過去十三年，這本傳奇案頭書，在亞洲，特別是在中國市場一直被驗證有效，它成了他們從優秀走向卓越的轉折。曾經，沒讀過《Neil French》不足語文案。**

**水滴石團隊揭祕：**把產品的牛抬到了一定高度，就要開始展示產品效果，得讓人感覺跟自己有關。因此，一定要用效果跟中國文案人群關聯起來。時間：十三年，地點：亞洲，特別是中國，功效：文案從優秀走向卓越的上升轉捩點。效果清晰可見，讓想要再進一步的文案產生嚮往，末尾還扣了一下小標題。

**深受《Neil French》影響的一代中國廣告人，早已是國內廣告圈的頂樑柱——他們不是總監以上級別，就是自立門戶做了老闆。**

**水滴石團隊揭祕：**繼續強化效果，繼續縮小範圍。被尼爾影響過的一代人，不是頂樑柱，就是總監和老闆。凡是有點追求的廣告人，誰不想高升？誰不想做老闆？原來天天在辦公室「壓榨」你的老闆，就是讀了這本書，居然不告訴你。更加心生嚮往。萬一不信，還可當場去問老闆：尼爾的書怎麼樣？十有八九就引出一大段讚美，也是提供了一種特殊的驗證方式。

**我入行的時候，遇到的指導，也受到尼爾．法蘭奇的影響。正是他的博客，讓我找到了通往尼爾．法蘭奇四十年傳奇廣告生涯經典作品集的鑰匙——尼爾．法蘭奇的個人網站。**

**水滴石團隊揭祕：**我們作為賣貨文案的作者，再次以自己為例進行背書。我們沒寫過偉大的文案，但是常年寫公眾號，專業水準好不好，有沒有可取之處，讀者心裡是有掂量的。我們心中要有數，但寫賣貨文案的時候，不能自鳴得意，悄悄含進這層意思就好。本書詳細揭祕，我們就掰開來說。不相信的，他也可以到尼爾的個人網站上走一圈，對不對？

**二〇〇八年起，這本實體書則再難買到。時至今日，我都毫不驚訝，還有廣告人在微博、豆瓣、知乎等社交媒體上感嘆，連續兩天找《Neil French》，哪兒哪兒都沒賣的失落。**

**水滴石團隊揭祕：**正當消費者有點嫌棄我們「王婆賣瓜，自賣自誇」時，一個大反轉，一個好文案非買不可的書，竟然還買不到。突出書的珍貴，營造書的稀缺。把微博、豆瓣、知乎都抬出來，再次證明尼爾的書在哪個平臺都有粉絲喜歡和呼喚。各大社交平臺上，用戶那些真真切切找書的資訊，就像在眼前，讓消費者體會一書難求的苦和痛。截圖大量引用消費者的話，更真實、更可信、更可感。

消費者的評論，有官方永遠達不到的兩個字：真實。他們的話，我們沒有任何加工，只是在適當的時候丟出去就可以。

**為什麼如此奇書，竟無處可買？因為《Neil French》是未經授權的盜版書，被尼爾．法蘭奇發現後，就徹底從地下轉向了地下室。**

**水滴石團隊揭祕：**寫賣貨文案，就是不斷幫消費者答疑解惑，他們最疑惑的點，一定要在一篇文章裡全部解決。好書買不到，因為流行的是盜版，擺出反常識的震撼事實，不能買盜版，必須有正版填補空缺，為正版的出現鋪路。

「從地下轉向了地下室」用了疊詞重複的技巧，我們想說的是，賣貨文案用技巧，通常是為了增強音律，加速傳播，前提是不能影響文案的通俗易懂。**如果不能提高溝通效率，就不要使用技巧，用大白話寫順就行。**

**為告訴讀者《Neil French》是本盜版書，尼爾特意寫了這封公開信。詳情閱讀：我打算翻譯一本盜版書，這是個揪心的決定，但是值得。**

**水滴石團隊揭祕：**配圖、說明文字、超連結，亮出尼爾指責盜版的公開信，公開信還翻譯了出來，方便消費者查證。有沒有發現，我們基本上是幫消費者做了查證的工作。

前文說過，消費者通常不關心產品是盜版還是正版，他們只關心產品是否對自己有利。幕後策劃人出來指責，會給人為利而爭的觀感。發出作者尼爾的指責，消費者就不會反感，他們多少還是在乎作者的。

**地下室裡，有三個尼爾．法蘭奇作品集**（另外兩個白色封面的盜版影響力小）**，公開信上這本灰色是盜版最廣的，市面上多流傳這本盜版的影印版，一度炒到了上千元的價格。**

**水滴石團隊揭祕：**展示三個盜版的幕後功課，細節越多越容易贏得信任。盜版我們門兒清，利弊了然於心，只是我們不說，因為我們是來賣書的，不是來打假的，目的不能跑偏。點出盜版炒到上千元，是為後面的定價做鋪墊。跟上千元比，不管是文章開頭說的二百二十二元，還是最終的定價只要一六〇元，消費者的感受一定是賺的。

**這也是為什麼，去年十一月九日，拿到版權後，我在朋友圈預售《文案之神尼爾．法蘭奇》數天，就有超過六百人，近一千套預訂。**

**水滴石團隊揭祕：**兩個預售群截圖，顯示熱銷狀況。示範使用者的轉帳、聊天紀錄、頭銜等購買截圖，配文「CP+B 中國區一位重要負責人，得知正版發行，一次購買了三十套」。CP+B（Crispia Porter+Bogusky）在廣告創意行業全球知名，他們中國區老闆一下買了三十本，是會形成示範效應的。

截圖的馬賽克，偏偏「CP+B」的字樣沒打到。很簡單，我們要消費者看到。

說到這兒，我們很擔心以後寫賣貨文案，你們再也不買。沒有關係，我們還是那句話，**所有賣貨文案，都是基於事實放大，而且只賣我們用過很好，且你需要的東西。我們的寫法，只是讓消費者更快了解產品，確定自己是否需要。**

> **傳奇作品，在地下也會發光、發亮、發熱。如今，它將以《文案之神尼爾・法蘭奇》之名與你重逢相遇。**

**水滴石團隊揭祕：**地下的描述像探祕，畫面感強，引人入勝，對吧？「在地下也會發光、發亮、發熱」再次證明尼爾傳奇的效力。我們知道很多人買了盜版，如果盜版不影響你，你就不要去抨擊，精力浪費在無關的地方，怎麼好好賣貨？如果盜版不影響我們的銷售，我們從來不說。這裡會提，因為它會影響，又不過分提，是沒有必要讓買過盜版的消費者不舒服。

不計前嫌，但別光誇盜版，我們要賣的是正版新版，強調新版的名字，還說成是「重逢相遇」，美妙而有意思。

緊隨其後，放書的目錄頁圖片。目錄圖片是書的重點成分試用，加深消費者對書的了解。對一本書來說，目錄就是書的標題，目錄不誘人、不清晰，很難賣出去。

有些人寫產品的重要資訊，會一股腦甩出來。太過枯燥，往往會勸退消費者。要邊講故事邊甩。講得消費者有興趣，你放一點，又很有興趣，又放一點，再很有興趣，再放一點。一邊講一邊放，到後來，他會覺得不買損失太大了，心裡癢癢。

配文「《文案之神尼爾．法蘭奇》目錄頁，三十八個平面案例，十九個影視廣告案例」，一句話解釋了，消費者能買到的具體內容。後面的「每個案例都有尼爾從策略思考到執行表現的整套呈現」是最佳利益點。策略思考、執行表現、整套呈現，畫出利益點。你想想，一個文案的工作，說來說去，也就這三件事。

最後，正版的書名一定要接民間的美譽，盜版的流量，這就是為什麼我們第一版的書名那麼長。如果有必要就不怕長，很多人為求短，連意思都沒說明白，失去了文案的功效。

書的牛講好了，進入第二部分。

**第二部分**

十三年，從《Neil French》到《文案之神尼爾．法蘭奇》。我們原本打算絕口不提盜版，前輩的歸前輩，歷史的歸歷史，我們不是來打假的——功過是非買家自斷。

**水滴石團隊揭祕：**第一部分，講清了書特別牛，而且能讓你牛。第二部分，講正版和盜版有什麼不一樣。盜版和正版，新舊交接，順勢推出新產品。新舊對比之前，先安撫買過盜版的消費者。

**但是，買了《Neil French》的同學，得知我們改名為《文案之神尼爾．法蘭奇》出正版後，常問這樣一個問題：你這套書有什麼不同？**

**水滴石團隊揭祕：**不說盜版，是照顧買過盜版的消費者的感受，一定要充分展示同理心。大家都是過來人，正版盜版的書都買過，好與不好，大家很清楚。這不是為消費者買盜版開脫，只是很多時候，也是被逼無奈，不買盜版就拿不到相關資訊。現實中讀者的反問也的確常碰到，為了解決問題，不得不簡單說一說盜版。讓讀者別有心理負擔。

**答：考據糾正錯漏內容，保留經典譯法，增補經典案例，像做紙質閱讀產品那樣，全新翻譯設計。**

**水滴石團隊揭祕：**說明新舊產品的異同，直白的意思就是，盜版的優點，我們保留了，盜版的缺點，我們改掉了。反正你想一想，你要是真愛這本書，能不買正版嗎？空口無憑，隨後就從繼承和發展的角度，引出正版的好處。

關於《Neil French》的內容錯漏，我曾在《十一年後，我發現老版〈Neil French〉有二十三個加塞、漏譯、錯譯、待優化之處》一文中，圖文並茂注釋過，網上搜索標題就能看到詳情，此處不贅述。

**水滴石團隊揭祕：**給出錯漏驗證方法，不給跳轉連結，以免中斷閱讀。為什麼這裡不給超連結呢？因為消費者看到這裡，已經進入了我們賣貨文案的語境。換句話說，我們已經取得了人家的信任，就沒必要沒完沒了地自證。能看到第二部分的消費者，買的概率很大，這個時候他如果再跳到其他網頁，很難保證還會回來。告訴他可以去搜即可，通常看了這麼久，人是比較懶的，不會再去搜。除非他感覺我們在騙他，他才會去搜。

有一點要特別指出，新增翻譯的十九個影視廣告案例、修正的內容和獨家專訪，加一起超過一百頁，相當於《Neil French》近三分之一的內容，都是第一次翻譯出版。

**水滴石團隊揭祕：**「特別指出」就是即時劃重點，當你看到新版，獨家專訪、新增影視廣告案例、簡體全新翻譯設計等重大不同，新增內容居然就有老版的三分之一之多，你是不是會覺得非買不可？除非你不需要這本書。

**《文案之神尼爾．法蘭奇》雖是全新翻譯，我們卻從未刻意去製造翻譯上的不同。相反，一些經典的譯法，我們都保留了，以免徒添讀者辨別的煩惱。比如Neil French的中文名，國內廣告媒體報導大多譯做尼爾．法蘭奇，我們保留了。比如「生活是個……而你又娶了一個」等金句翻譯，我們也保留了。感謝這些經典譯法的譯者們。**

**水滴石團隊揭祕：**舊品升級，很多人認為一定要跟舊版徹底不同。而我們則是看市場回饋，市場認可的我們都會保留，因為全都是市場驗證過的購買理由，如果連最基礎的購買理由都丟掉了，那消費者就懶得買了。我們舉例告訴消費者，盜版中好的翻譯，我們真的幫你留下來了，新版也能看到。我們還很推崇一些經典譯法，就怕給大家徒增辨別的煩惱。看過正版盜版故作不同拉低閱讀體驗的，就深知這種煩惱。出個新版，為了顯示自己的功績，非得按照個人喜好做得完全不同，真是無語。我們還感謝了其他版本的譯者，心存感恩，當人家找上門來，也有合理的說法。

**灰色頭像封面的《Neil French》是市面上流傳最廣的盜版版本，一度遠銷中國香港、澳門，以及新加坡等東南亞國家。很多從業十幾年的資深廣告人誤**

**以為在這些地方買到的是正版，正是這個原因。**

**水滴石團隊揭祕：**當時有個行業網紅在賣尼爾的盜版影印版，他在文章裡說，他是在新加坡拿到的正版。我們不糾結他是真不知道還是裝不知道，因為他賣盜版影響比較大，所以我們必須指出這點，不然我們賣貨就成問題。我們沒有指名道姓，而是以「從業十幾年的資深廣告人」為代號。

**它的繁體字超小，內頁排版也沒有做嚴謹的統一設計，閱讀體驗並不好，加上是用紙質書影印的，文字多重影模糊，給閱讀體驗減分。**

**水滴石團隊揭祕：**客觀指出字體大小、繁體、排版、重影等影響閱讀的因素，讓消費者慢慢遠離盜版。整個過程，我們都是在不斷勸消費者離開盜版，而吸引他轉投新版本。

配圖和說明文字「七百四十二頁，上下兩冊一套，全彩印，採用特種紙最佳還原作品本來面目。簡體暢銷書開本，淺灰網底閱讀和視力都舒服。」也有門道：配圖展示的全是消費者可感知、可驗證、可對比的優點。

三張圖是讀者發來的，最左邊是小姐姐的美甲壓在書上，襯得很好看。把打動過你的產品圖片放上去，也會打動其他消費者。因為這裡要突出書的彩印，所以我們挑的都是濃墨重彩的頁面，讓消費者能直觀地感受到。

第一版的內頁是灰色網底，我們吃了大虧。最早為了仿《聖經》的質地，我們特別設計了灰底，卻忘了那種灰底《聖經》是為了節省成本，用的紙非常差，給人地攤廉價貨的印象。

至於「特種紙」是什麼，我們外行也搞不懂，只是它的工藝，看起來像「神奇成分」，神奇就在於，你不需要弄懂，聽起來就很牛。中間的圖片夾了一個傑士邦的保險套，是當時的贈品，得先讓大家在圖裡看一眼，打個預防針，不然拿到書，拆開掉出一個套套，不得嚇得人家以為我們不正經。循循善誘，緩緩過渡。

說明文字繼續介紹產品的重點，頁數、冊數、印色、開本等，再次強調上下兩冊一套，如果消費者買回去還跑來質問，那就不是我們的責任了，這是為售後減責。有些賣貨文案考慮不周，賣貨一時爽，售後累成狗，就是沒有把售後的常見問題在文章中解決掉。

為了優化體驗，我們像做一個紙質閱讀產品那樣，全新翻譯和設計了《文案之神尼爾．法蘭奇》，大體做了三大方面的改善：

一、首次英文原文、中文譯文和廣告原作並行，十六開（暢銷書常用開本）簡體印刷，方便對照、閱讀、攜帶。

二、以廣告文案的口吻重譯全書，邀請設計公司和英語專業翻譯擔綱視覺設計和翻譯校對，力求行業語境、英語專業和視覺審美三顧。

三、將近七五〇頁，分上下兩冊，廣告原作全頁排版，全書彩色印刷，翻閱起來非常合手感，也能最佳還原作品成色。

**水滴石團隊揭祕：**擺事實，繼續列出正版的獨特買點。買點就是能打動消費者掏錢的賣點。「將近七五〇頁，分上下兩冊……」再次強調消費者會買到的是什麼東西。高價產品，上來就要說清楚你賣的是什麼，一定不要遮遮掩掩。像我們賣三萬字的讀本《用好定位》，定價三百元（台幣約一三三五元），賣一百五十元（（台幣約六六八元）），我們一開始就告訴他不是書是讀本，很薄，介意就不要買。

簡單來說，《文案之神尼爾．法蘭奇》是《Neil French》迄今為止唯一得到尼爾授權的中文正版。它的內容包含《Neil French》，又新增十九個影視案例和一次兩小時獨家訪談文稿。全新設計全新翻譯，既繼承了經典，又糾正了錯漏。

**水滴石團隊揭祕：**細節寫多了，消費者可能會消化不良，要適當幫他總結。一句話「新版＝保留盜版精華＋改善盜版缺點＋新增盜版所無」。好上加好，你要不要買？

隨文三張配圖「正在簽署合同的尼爾．法蘭奇」、「尼爾．法蘭奇和水滴石團隊鬼鬼」、「版權合約掃描」，這是強化正版授權證明。

如果沒有文案賣貨「找三能」的思維，我們跟他聊天的時候，根本就不會想到要跟他拍那些照。還沒寫文案，我們就想好了，哪些關鍵資訊，一定要在新加坡見他時拿到。不然回到國內，老爺子又去周遊世界了，人都很難找到。所以，他簽合約的時候，我們特地拍了照，近、中、遠各拍了一張，後來用了閱讀最舒服的一張。

前面講了很牛的書跟消費者有關、很牛的書出了正版，第三部分就要解決是否過時的問題。

## 第三部分

### 3. 潮流來來去去，經典永不過時

新媒體傳播時代，各種次元的廣告齊飛亂舞。二〇一五年大家都在做H5[1]，二〇一六年都在追逐直播，到今年又新寵了長圖流，技術、創意、

1 通訊軟體中常見的互動式網頁，點開即可滑動、填寫、抽獎，常用於活動行銷，由 HTML5 技術製作。

**內容從來都沒有像今天這麼大爆炸，還炸得又烈又燦又好看。尼爾．法蘭奇離開廣告圈已有十二個年頭，他這四十年廣告生涯沉澱下的天馬行空的廣告案例，還能否趕得上如今廣告潮流的更迭？**

**水滴石團隊揭祕：**首先連結當時國內廣告環境，讓消費者進入他們熟悉的情景，方便對比理解。

技術、創意、內容大炫技的時代，難免會有人看不上尼爾的一些做法，我們知道消費者有這樣的疑惑，索性就先攤牌，自曝缺點，幫他問出他想問而還沒有問的問題：是不是過時了，還趕得上潮流嗎？

這一定是消費者最想問的一個問題。自曝缺點，要馬上解決，賣貨文案有足夠篇幅，自證清白。

**我想起第一次看尼爾．法蘭奇給皇家芝華士（Chivas Regal）寫的廣告，用超自信、略帶蔑視的語氣，說你買不起，反而引起你的注意，一度讓皇家芝華士搶到了品類第一的位置。**

**水滴石團隊揭祕：**我們作為作者，又出來背書。賣貨文案的作者，任何時候需要你出現，一定要挺身而出，你就是一個誠實的工具人。

為什麼要舉皇家芝華士的例子？因為它是尼爾在中國最有名的案例，舉例一定要舉消費者耳熟能詳的。

**回過頭細想，你會發現，你記住的不是尼爾．法蘭奇的某個金句，而是他為品牌創造的系統的策略表達。真正的文案，所謂擅長創意表達，實際是擅長有策略地表達創意，而這正是尼爾．法蘭奇的厲害之處，也是廣告人亙古不變的競爭力。**

**水滴石團隊揭祕：**反擊「能寫金句就是好文案」的固有認知，有點見識的專業人都知道，「尼爾的厲害不在寫了幾個金句，而在系統的策略表達」這是一句絕對專業的做派。到這裡還在乎金句的消費者，就是不懂策略表達的非專業人士。

沒有人會承認自己不專業，自然就不會再在乎金句的含量。

用更強的觀點改變世俗成見，再用新認知**（真正的文案，所謂擅長創意表達，實際是擅長有策略地表達創意）**，去替代我們攻擊的固有認知（能寫金句就是好文案）。哪怕他不買書，看完這句話，對他未來的工作都有幫助。策略的創意表達，才是文案最重要的，其他的都不那麼重要。王老吉出綠盒包裝的時候，它的廣告語叫什麼？王老吉還有綠盒。放在金句的世界裡，什麼也不是，可人家接戰略、接銷售，大聲告知好賣貨。

順帶也點出了《文案之神尼爾．法蘭奇》這本書真正的核心價值。

**上半年，流行用短暫的產品做廣告的案例，不論是喪茶店[2]，還是分手花店，看似新穎，其策略和洞察，正是尼爾．法蘭奇在XO啤酒戰役中用過的——以假驗真。**

**水滴石團隊揭祕：**你不是懷疑書過時了嗎？我們馬上舉例告訴你，最近業界出現的幾個非常火的案例，用的就是尼爾用過的策略，你說它過時了沒有？這是至今有效的最好證明。

一定要關聯當下熱門案例，製造反差。消費者崇拜得五體投地的案例，用的就是人家老掉牙的策略。

隨後展示六張XO啤酒的配圖，配文「〈XO啤酒〉案例節選。中英雙語、出街作品對照，全屏大幅印刷，既有中文的參考，又有原文可查詢，最足本保證作品思想和精髓傳入為你所用。」

書中作品有十幾張，我們只放了六張圖，這是節選試用。**放圖有兩個原則：第一，一定不要全放，要留點懸念和念想**。就像我們喜歡帥哥美女，喜歡的是若隱若現、似有若無，沒全得到的剎那驚魂朦朧。當他／她真袒裎相見站在你面前，你頓覺了無生趣，再也不想要了，你已經得到你想要的了，掉頭就走。

只放一點，就是引線。

**第二，放有衝擊效果的**。為什麼我們不展示尼爾最有名的皇家芝華士的配圖呢？因為XO的配圖大，非常有衝擊力，而皇家芝華士的配圖有大片留白，真放出來，有點平淡，看完就想走，根本不想買。一定要選能夠誘惑消費者的圖片。

放一點，我們也說得很清楚，是案例節選，起到試讀的作用。

「中英雙語、全屏大幅印刷」等是前面講過的原作大全頁印刷好閱讀的優點，這裡配圖呼應。最後那句「最足本保證作品思想和精髓傳入為你所用」，明擺著誘惑消費者，你要拿到你就能悄悄吸收尼爾的功力。

**追求一個H5、一張長圖流、一場直播、一支短視頻、一張海報等單點創意得失的廣告人，終究是執行人員。多看一點經營廣告的書籍，系統掌控一場戰役，服務一個品牌，才是大創意者該有的視野和思路。《文案之神尼爾．法蘭奇》正是這樣一本書，它不因某個金句永流傳，而因整體的策略和洞察永不過時。**

2 主打負能量的手搖店。名稱對應中國知名手搖品牌「喜茶」。

**水滴石團隊揭祕：**幫大家打開格局，教大家做更高段位的人。看到這，還糾結一張圖一個H5得失的人，就是執行的命，不是當老闆的料。不容置疑的常識，反向借勢當下行業盛行的風氣。

**就在這一刻，只要四杯咖啡，相當於三本暢銷書四十年的傳奇思路和作品，就在你手邊，掃碼下方QRcode，跳轉購買，讓我們送它到你手裡。**

**水滴石團隊揭祕：**「就在這一刻」是催單臨門一腳，你細品，就好像有人拿手敲桌子，要你立刻重視和行動。

依然激情澎湃地感染消費者。同時還解決幾個問題：第一，現在就買，不要轉移話題。第二，幫他算帳，證明不貴。掃碼進去發現只要一六〇元，三本書（最開始銷售時有活動，買兩本書送小紅本）除一下，平均也就五十多元一本，沒那麼貴。對比文章開頭植入的錨定價格二二二元，省了六十二元。四十年傳奇，平均四元一年，太便宜了。

為什麼不說相當於「三本經典書」，而說「三本暢銷書」？借勢暢銷書，要讓消費者覺得這本書就是暢銷書。

「四杯咖啡」一是不貴，二是關聯過量傷身的負面資訊。少喝咖啡，換來一套好書。**幫他戒掉一個不好的習慣，同時塞給他一個更好的東西。讓消費者覺得買你的產**

**品是更好的選擇**，你說他是不是得感激你？

**有的人用十年修煉，換一次優雅轉身，而這本費盡四年打磨的《文案之神尼爾·法蘭奇》，是廣告人，尤其是文案優雅轉身的再好不過的跳板。如果你身邊有人在找這本書，如果你喜歡尼爾·法蘭奇，請轉發這條消息，給你的朋友，到你的朋友圈、你的群。如果你朋友終有一天會得知這個好消息，我想他更願意更感嘆先從你這裡知道。**

**水滴石團隊揭祕：**「如果你身邊有人在找這本書」這句話非常關鍵，如果說上一句我們還是在敲定人群，這一句就是在開始鼓勵消費者發給他的朋友，為擴大銷售做準備。

買了你的書，還平白無故讓人轉發，有的人看到這裡，可能會罵人：你是誰呀？你何德何能？要我的錢，還要我免費幫你轉發，是不是太把自己當回事了？所以，後面一定要跟一句合理的解釋，不然就真是太把自己當回事了。

你一定也有過類似經歷，看到一個好東西，不捨得分享給朋友，後來朋友發現了反而先分享給你，搞得你羞愧又後悔無比。

總而言之，強化前文的轉折認知，不斷催單，鼓勵轉發擴散，提升銷量。大問題都解決了，其他小問題，就留到常見問題去修補。

## 最後一部分

常見問題問：如何以更低的價格購買此書？

答：關於價格，160元/套，742頁全彩，超首重只需 9．9 元郵費，預售的朋友收到書都說「第一感有點兒貴，書到手就覺得超值」。

**水滴石團隊揭祕：**除了前文解決的問題，購買過程中，還有哪些常見問題影響消費者下單呢？列出來一一作答。

藉消費者證言，再次突破價格難點，解決書貴的疑慮。

我們還給你準備了一些福利：（一）購買過我們的書籍、付費文章、講座等產品的老使用者，憑藉過去消費和本次購書的截圖，可領取五元現金紅包。（二）回覆「我要尼爾」，獲取再領取十元現金紅包的方法。

**水滴石團隊揭祕：**設置福利助銷，老客戶紅包獎勵刺激下單，新客戶轉發擴散給優惠。

**問：怎麼保證我買到的是正版《文案之神尼爾．法蘭奇》？**

**答：一查書號，二看合約，三見尼爾親筆寄語、推特公布的消息。**

水滴石團隊揭祕：始終不忘主題——終於能買到正版。賣貨文案一長，後面便要再次重複重點，再次強調正版，教消費者驗證方法：「圖中紅框為正版書號，尼爾手寫寄語、合約掃描、推特截圖見前文」。

**本書小眾限量印刷，不上亞馬遜、當當、京東等網路商城，只有公眾號「廣告常識」的微店「良食書店」在銷售。任何其他地方出售本書都是盜版，鬼鬼概不負責。**

**水滴石團隊揭祕：**小眾、限量、限定購買管道，強化稀缺感。

有的人買書，他會等書上大平臺再買，等到你降價再買。我們知道你會等，我們先告訴你尼爾的書不上亞馬遜、當當、京東，把其他管道堵死。為了讓他在我們店鋪買，我們還進行了風險提示「買到盜版，概不負責」。當時新書上市，第一天，淘寶馬上就有人低價預售盜版，賣了一百多套。後來，有收到複印版殘次品的人，跑來找我們投訴，我們也只能無奈地表示不是我們賣的。

問：發什麼快遞，什麼時候發，多久能到？

答：默認發中通快遞，上下兩冊一套重一三一四克，超過首重，除了新疆、西藏、寧夏、青海，全國郵費九．九元。週一到週五，第二天發；週六週日，當天發，二～四天送到。發其他快遞需自負額外的郵費。

問：小紅本《未使用素材》是什麼？需要另外購買嗎？

答：小紅本是一本一百頁厚的筆記本，有十八頁是出版社拿掉的內容，主要收錄了三篇文章：一篇是尼爾回應性別歧視爭議的廣告，一篇是尼爾回應盜版《Neil French》的公開信，一篇是我們第一次聯繫尼爾的原始信件全文。

**水滴石團隊揭祕：**再次對比價格。一百頁的小紅本賣三十元，對比七四二頁賣一六〇元，消費者自己會算清楚帳。配圖是實物回應文字上的兩個小紅本購買理由。

問：為什麼選了一款灰色的紙？

答：紙張是白色的，灰色是我們特地設計的，保護視力、閱讀感受好。我們選的是一種特種紙，同等克數，它比銅版紙更貴。

**水滴石團隊揭祕：**醜話說在前頭，解釋灰色紙張的原因，管理用戶預期。再次強調，灰色紙張不是出錯，是故意設計。整個文案相當慷慨激昂，消費者看完有「不買就虧了」之感。如果不做預期管理，買回去他可能會有「信了你個鬼」的失落感。前面調動預期，後面管理預期。

問：收到書，從書裡掉出一個奇怪的東西，是不小心夾進去的嗎？
答：哈哈哈哈，你是說書裡的傑士邦嗎？那就是我們特地贈送給你的書籤，數量有限，送完為止。也因此，有人說，這是一套純正的床上讀物。如果你拆書或閱讀時被身邊人誤解了，請毫不含糊推卸全責到俺們身上。

**水滴石團隊揭祕：**配圖展示傑士邦贈品，圖下說明文字「感謝傑士邦贊助零感，限量書籤，早買早送，送完為止」，既露出贊助商，也進一步說明激勵政策，並且催促下單。

問：能給我簽名，送點「雞湯」嗎？
答：默認不簽名，若你想給鬼鬼一個練字的機會，請備註我要簽名。簽名版會推遲兩天發貨。
問：公司採購、團購有優惠嗎？
答：請加我微信 ××× 私聊，備註「採購尼爾」優先通過。
問：書磕碰壞了、重影、缺角，我找誰說理去？

**答：有任何問題，請微信發圖我處理，鬼鬼、燈管、鬼小鬼、機靈鬼四個微信任意一個皆是我，不在我朋友圈的，請加我微信 ×××，備註「買尼爾」優先通過。**

**水滴石團隊揭祕：**列出發貨、重量、簽名、團購、破損等主要售後明細，這些常見問答，可以拿回去當模板用，任何產品的賣貨文案，改改就能用。

最後連放三張大圖，展示書在生活、書架中的場景，讓人感受擁有後的狀態。並再最後一次催單「點擊閱讀原文，先買先發，現貨現發」。

現貨很重要，先買先發有緊迫感。

三張大圖是讀者返圖，拍得特別好，特別是挨著瓦罐的兩張，看著跟高樓大廈一樣。**產品的美，是最無聲、最讓人心動的購買理由。**

書櫃那張，有個人買了我們大大小小一排產品，讓消費者看到書在書櫃的美感。

以上，《文案之神尼爾．法蘭奇》的賣貨文案逐句揭祕，就講完了。不管你賣什麼產品，都是這個邏輯，運用這些心理原理。

我們有一句重要的話：**賣貨文案不是寫出來的，而是根據消費者的回饋，一點一點測出來的。**

我們一直跟別人說，寫賣貨文案，跟做一個行銷諮詢專案是一樣的，前前後後得花半個月，了解產品、購買測試，然後改，發出去之後根據消費者的回饋再改，最後再大範圍推廣。我們當年讀定位全集的時候，發現用定位做案子的邏輯，跟我們賣貨的過程一模一樣，只是它總結了其中道理和規律，叫定位。所以，我們當時看到如獲至寶。

賣貨文案是根據消費者的回饋一點一點測出來的。過程中，你要動態觀察，主動更新文案，化解負面認知。我們第一版發出去，不少人罵，什麼翻譯差、排版差、紙張差……甚至說是割正版的韭菜。辛苦奔波幾年，第一次看到這種差評，當時真是萬念俱灰，感覺好像消費者寧願買盜版，都不買我們的正版。

就在這個時候，我們關注到有一個廣告人挺身而出，他在微信公眾號為我們說話。我們看到這個信任狀後，立刻截圖，第二版賣貨文案，開頭就講這件事：

**《文案之神尼爾．法蘭奇》第一版發出後，當時有些回饋給了我們很大壓力，有些讀者對這本書的預期已經超出了評價書籍的平常心，我們一度在想，是不是不該去推動正版的發行？**

**水滴石團隊揭祕：**第二版賣貨文案，我們就不再用書的全名《文案之神尼爾．法蘭奇》，而是直接叫《文案之神》。因為宣傳了一段時間，用簡稱大家也知道是哪本書。簡潔能加速傳播。

慢慢地，我看到很多做創意十年、二十幾年的廣告人，給了這本書正面的點評。一本與廣告、創意、文案相關的案頭書，能得到同樣擅長洞察、文案的同好的好評，無疑是莫大的鼓勵。

印象很深的一段評價，來自做出了「愛帝宮母親節」、「唯路時七夕」兩套走心地鐵廣告的「平凡信仰」。

她是這麼說的：「老頭子的這本聖經我有三個版本的盜版，以及一個電子版。從入行我就開始看，反覆看。在我看來，這是除《創意之道》之外，每個文案都應該放在枕邊的另一本教科書。下面這本（此處省略配圖）是正版，在微信公眾號『廣告常識』買的，主要用於收藏和送朋友。」

**水滴石團隊揭祕：**我們為什麼要摘這個呢？因為「平凡信仰」的這兩套廣告作品當時非常有名，這是相互借勢，我們幫他宣傳，他也幫我們背書，而且他說的是一個事實，對吧？

你說看到了很多做創意十年、二十幾年的廣告人，給你正面點評，你得上證據，不然誰信呢？

其實這個「平凡信仰」是位男士，我們故意寫成「她」，為什麼呢？這樣寫，讓人感覺我們和他不認識，讓點評更客觀、可信。改性別還有一個出發點，就是不給他造成困擾。

我把這個當成一種向好而生的勉勵，用在《文案之神尼爾．法蘭奇》第二、三次印刷的改進中。第一，根據朋友們的回饋和建議，全力雕琢文本，內容更精準、精彩。第二，去掉灰色網底，紙張改用光滑的丹麗上質紙，雙封面過油、書名用起凸加ＵＶ工藝、分冊塑封，工藝更精緻、撩人。我們再次出發，但願能抵達你的滿意。全書詳情如下。（後面緊接第一版賣貨文案全文）

**水滴石團隊揭祕：**「當成鼓勵」是管理用戶預期，因為你不確定第二次、第三次印刷是否能改成大家完全滿意的樣子，給自己留一點空間，話不說滿。

賣貨文案一定不能寫滿，要留有餘地，要代入消費者視角，要假設他會質疑你，你要先往後退一步。

當你發現情況有變，一定不要死守。

每半年我們會再發一次這篇文章，銷量還是非常好。所以，這篇文章從二〇一七年上線，連續用了六年。後面我們發現正版的買點大家都知道了，就換成其他標題，如〈強烈推薦一本傳奇書〉等。這時候，定期更新標題，開頭發布熱銷狀態、重複文章即可，這裡不再贅述。我們曾經出過一個付費文檔《分步驟詳解：如何寫一篇轉化超十二萬元的銷售長文案？》，就是複習這本書賣貨的來龍去脈。

《文案之神尼爾．法蘭奇》第一版發行兩年後，我們摸清了所有可改善的缺點，隨即啟動文案賣貨「找三能」，根據消費者的需求重新去做，放大優點，改善不足，成就了二〇二一年第二版（改名為《文案之神》）如世界名著般考究的精裝新版。

到這裡，我們就以《文案之神尼爾．法蘭奇》為例，完整地講了一遍文案賣貨「吸簡催」和文案賣貨「找三能」兩種常見的賣貨方法。

# 第三章

# 重點

## 用好這10點，更快更好上手賣貨文案

為了讓大家後期運用更自如，我們在本章中將功課、邏輯、標題、開頭、證據、作者、問答、檢驗、知識、技術十個重點單獨拿出來，給大家詳細介紹一下。

好的文案賣貨，
從戰略的選擇就開始賣了。
而不是等到
品類和產品成定局，
再做文字上的揚長避短。

## 重點1 功課：三角、四P、九狀偵探式摸底

那些賣貨的文案都是哪裡來的呢？

絕非靈感剎那湧現的精準捕捉，而是源自有意識的前期功課。不誇張地說，功課做得好，文案賣貨就已經成功了一半。

做好文案賣貨的功課，就六個字：三角、四P、九狀。

### 第一，三角

所謂三角，就是我們做任何行銷策劃，首先會去看的**市場診斷三角——對手、用戶、自己**。

比如，有一個企業打算賣水。摸清三角，第一個要看的就是市場上的主流對手，都是怎麼賣水的。

回想生活中你買過的水，到任何電商平臺搜一搜，你大致會看到，這些品牌，在這樣賣水：

・農夫山泉：天然水（健康、天然）
・百歲山：天然礦泉水（水中貴族）
・恒大冰泉：天然深層礦泉水（源自地下一六〇〇米）
・昆侖山：雪山礦泉水（來自海拔六千米，昆侖山玉珠峰世界黃金水源帶）
・巴黎水（沛綠雅）：法國天然有氣礦泉水聖培露；義大利充氣礦泉水
・依雲：天然礦泉水（高端，源自阿爾卑斯山深處）
・怡寶：純淨水（中國國家隊官方飲用水，中國瓶裝水健康標準發起與起草單位之一）
・娃哈哈：純淨水（二十餘年如一日，品質禁得起考驗）
・康師傅：包裝飲用水（選安心，選健康）
・今麥郎涼白開：熟水（健康熟水）
・冰露：包裝飲用水（可口可樂出品，奧林匹克全球合作夥伴）
・愛誇：天然礦泉水（統一出品，簡約設計）
・5100：西藏冰川礦泉水（來自西藏海拔五一〇〇米天然冰川自湧活泉）
・潤田：純淨水（暢銷江西省，網上只有高端產品潤田翠銷售）
・長白甘泉：長白山礦泉水（早晨第一杯水，雅客出品）

基本上，你賣水，品類就從天然水、純淨水、礦泉水三大類中選一個，要不然就「雜交」，做包裝飲用水（可能是純淨水，也可能是礦泉水）、天然礦泉水、天然有氣礦泉水。

**品類的選擇是戰略的選擇，這種選擇事關方向，選得越好未來就越有希望。你有搶奪、歸類、創新三種選擇。**

採取搶奪戰略的品牌一般比較少，通常是找個不同的路數搶，像農夫山泉當年從天然水細分領域去搶娃哈哈、樂百氏兩大純淨水霸主的位置；冰露就屬於選做包裝飲用水，憑著可口可樂的牌子，賣得也便宜，賺點錢。

其他大部分品牌，大多數都是找一個更細分的角度，去分化已有的品類。從水源去分化，如西藏冰川礦泉水５１００、雪山礦泉水昆侖山、天然深層礦泉水恒大冰泉；從口味去分化，如天然有氣礦泉水巴黎水、義大利充氣礦泉水聖培露；從飲用場景去分化，如早晨第一杯水雅客長白甘泉；從價格去分化，如水中貴族百歲山；從設計去分化，如愛誇；從地域去分化，如江西省有名的潤田。

相比分化已有品類，還有一種方法是，不占所有品類，乾脆開創一個新品類。如今麥郎想到了做熟水，把天然水、純淨水、礦泉水、包裝水都劃為生水，自己開創一個新品類，開始一人成王。康師傅喝開水等順勢就跟上了。

看完對手之後，再看用戶的需求和自身的長處。假如是你，你會怎麼賣水？

椰樹集團就找到了一個新需求——長壽，專門依託海南一個長壽之鄉，做了一款叫國寶椰樹長壽泉的天然礦泉水。

當健康已經成為所有飲用水品牌的一個基礎標配時，椰樹集團竟然將健康向長壽這個具體的利益點再推進了一步，就這樣把差異化給做出來了。

其實，三角這一步，就是摸底品牌的戰略定位，能給消費者如何獨特的價值，讓人選你而不選你的對手。

所以，我們一直說，好的文案賣貨，從戰略的選擇就開始賣了，而不是等到品類和產品成定局，再做文字上的揚長避短。

## 第二，四P

接下來，我們就要好好臥底一下，對手是怎麼通過產品、管道、價格和推廣上的差異，來賣貨的。

比如說**產品**。農夫山泉的紅白綠、百歲山的小圓筒、愛誇的簡約都極具辨識度。為了跟對手保持差異，不同品牌在容量上會有刻意不同，瓶裝飲用水的常見規格是五百毫升左右。但農夫山泉是五百五十毫升，百歲山是五百七，怡寶是五百五十五，娃哈哈是五百九十六。

比如說**管道**。我們經常在火車上看到的是五一〇〇，潤田主要在江西，迎駕山泉主要在安徽。

比如說**價格**。依雲就遠比一般的礦泉水貴。

比如說**推廣**。推廣是後文重點要講的，先按下不表。

**四P是消費者在購買時，最能感受到的品牌差異所在，也就是我們常說的獨特價值。**

我們再看椰樹集團怎麼設計自己的四P。

**產品：**出了二六八、三二〇、三二八、三四二、三六〇、五百、五四〇、五四二毫升；一．五、五、十公升等不同規格，還專門設計了火箭瓶和女性瓶。

**管道：**以海南為大本營，跟著椰樹椰汁的路線打市場，另外網上也能買到。（像潤田，網上只能買到它的高端產品潤田翠。）

**價格：**網路上五百毫升裝二十四瓶賣三九．九元，比五五〇毫升裝二十四瓶裝的農夫山泉貴六元。

**推廣：**見後文。

一個好的產品，一定在四P就能找到諸多與競爭對手與眾不同，又滿足消費者需求的獨特價值。

我們**走市場，很大部分就在觀察買賣過程中的四P。**

## 第三，九狀

所有的功課，最後都要落到文案，不然就無法表達給消費者看。消費者不知道我們的產品有什麼獨特點，那麼也就等於沒有。

前期做功課，我們會發現無數的差異化亮點。那怎麼做取捨？哪些是重點資訊？經過我們的驗證，用下面的九狀工具來做篩選特別合適。

我們還是以椰樹礦泉水為例，看看它的九狀，有什麼不一樣：

- **成為第一：國寶椰樹長壽泉**
- **擁有特性：火山岩礦泉水長壽**
- **領導地位：國宴飲料**

  經國土資源部地下礦泉水及環境監測中心檢測證實

  三十一年來接待過一百多位國家總統椰樹火箭礦泉水

  慶祝海南航太城火箭發射成功
- **經典：產自世界長壽之鄉海南島澄邁**
- **市場專長：海南為主**

  專做長壽泉
- **最受青睞：想長壽的人**

  日常飲用、會議接待、泡茶、煮飯、煲湯……都很合適
- **新一代產品：非湖水、雪水、純淨水、白開水**
- **製作方法：每一滴都是溶濾了一萬九千年**
- **熱銷：無**

發現沒有？基本上這九狀一篩選，一個產品能通過文案表達出來好賣貨的點，就全都有了。

如果你有機會看到椰樹集團推出的礦泉水的公車廣告，你會看到，它們在車身上主要傳遞的就是以下賣貨文案：

- **國寶椰樹長壽泉**
取自火山地下深層超萬年優質天然礦泉水非湖水、雪水、純淨水、白開水
- **產自世界長壽之鄉海南島澄邁 廠址位於海南馬鞍嶺火山口地區**
經國土資源部地下礦泉水及環境監測中心檢測證實水齡超萬年
- **海南水好人長壽**
椰樹火箭瓶
慶祝海南航太城火箭發射成功

而在其他的包裝，或者電商詳情頁上，它還會視情況，打出以下賣貨文案：

椰樹火山岩礦泉水國宴飲料
三十一年來接待過一百多位國家總統

日常飲用、會議接待、泡茶、煮飯、煲湯……都很合適
泉水在火山深層溶濾了一萬九千多年
每一滴都是溶濾了一萬九千多年

你看，一個競爭如此激烈的水品類，通過三角、四P、九狀，椰樹集團硬是賣出了一片新天地。

經過十年的驗證，**某種程度來說，三角、四P、九狀，這六個字，就是我們做行銷諮詢時，從戰略到落地，具象到文案上的最實在的工具**。

不同之處在於，面對不同的客戶，你要花的工夫不一樣，有的光憑經驗就能推演出個大概，而有的要到市場上去跑一跑、看一看，心裡才更有底。

另外，你要在媒體、人員等具體執行上，既靈活多變，又堅持原則。

「任何初創品牌，寧願爭議四起，也不要寂寂無名。」

## 重點2 邏輯：從吸引到下單，層層設計

文案賣貨「吸簡催」，是文案賣貨的銷售邏輯。

寫賣貨文案，還必須解決資訊邏輯，也就是怎麼恰到好處地呈現資訊層級，讓消費者能秒懂，更樂意掏錢買單。

至關重要的有三點：

### 第一，策略通人性

文案只是賣貨的工具，如果不用文案，就能賣掉貨，比如看到某明星代言的產品，他的粉絲就會自發自覺地購買，那麼我們甚至就不該多此一舉動用文案。賣貨文案向來是從人出發，最後回到人，才能實現轉化。

因此，**我們選擇溝通的策略點，一定要通人性。這裡的人性，對消費者來說是簡單易懂，對企業來說是低成本大效果，對對手來說是難以模仿。**

以椰樹集團的礦泉水為例，它的策略可以是海南特色、長壽、深層火山岩水源、富含微量元素等，從三角關係去分析，最符合人性的是長壽。

長壽是消費者最想要的好處，長壽是市場空間最大的所在，長壽是對手還沒打的特性，長壽是椰樹集團能支撐的利益點。

人性的策略，得手段靈活。

有一家做促銷工具的企業，叫駱駝碼，想快速讓實體企業知道自己。怎麼辦呢？葉茂中[1]支了一招。趁成都春季糖酒會期間，每天從早到晚，請人舉著接人的牌子，去成都高鐵、機場等交通要塞接葉茂中，接人的牌子上寫著「駱駝碼歡迎葉茂中老師」。

因為參加成都春季糖酒會的企業，大多都知道葉茂中，都以為葉茂中去了糖酒會，傳來傳去就成了熱門事件，企業就此達到了宣傳的目的。你看這個策略，有很高級嗎？

它跟刷牆一樣質樸，但它贏在通人性，企業省錢，還能精準觸達目標受眾。葉茂中既成全了駱駝碼，還宣傳了自己。

## 第二，媒體格式化

1 中國知名廣告人。

策略選定後，就要考慮通過什麼媒體把賣貨的文案，以最低成本和最快速度傳遞給目標消費者。

畢竟所有的賣貨文案都是媒體格式化的結果。雜誌上的文案可以是千字文，戶外大看板的文案以七字左右為宜，電視廣告以五十字左右為好，短影片前三秒就要抓住注意力……。

**沒有投放在緊跟消費者生活軌跡的媒體，再好的賣貨文案，也只是一場精心的浪費。**

就像上面的駱駝碼，它的策略是每天去成都的交通要塞接葉茂中、歡迎葉茂中，那麼它的媒體最好就是我們常見的條幅、KT板。

試問，這能花多少錢？當然，為了增加效果，駱駝碼還專門定製了葉茂中聯名款的廣告小背包，到企業負責人容易出現的人流中心派發。這時候，背包就成了一個特殊的媒體。

記住，媒體的選擇，直接決定了賣貨文案的長度、濃度和形式。

## 第三，表現走極端

媒體選定後，要效果達到極致，最好就是表現形式走極端。

這裡的走極端，分兩個點來看：一方面是資訊的濃度要劍走偏鋒，推到不能再向前推的極端。

比如，內外（內衣品牌）二〇二三年「三八婦女節」的廣告影片《身體十問》，儘管很多議題，現實中未必有這麼嚴重，但，恰恰是文案和畫面的表現形式，走了一個極端，強度足夠，才能瞬間點燃大眾情緒，製造更大的傳播效果。

再比如，曾被立案調查的五個女博士，表現上都是這個走極端的邏輯。如果品牌不被封殺，對於一個初創品牌來說，這一波走極端的廣告，是非常有好處的。

對於任何初創品牌，寧願爭議四起，也不要寂寂無名。

另一方面是資訊的一致。

這裡的一致，一是時間上的，核心資訊能十年如一日不變最好，像當初的腦白金和王老吉。二是空間上的，要在不同的媒體上重複相同的資訊，戰略、戰術的不同環節也要確保資訊不會自相矛盾，而是彼此承接。

身體十問

事實、行動、反問，
某種程度是藏在標題裡的，
最強購買理由和
最大信任狀。

## 重點3 標題：最強購買理由，最大信任狀

標題最重要的作用就是吸引關注。而吸引關注，我們前文講過，主要靠做新、做尖、做思。

為什麼還要把標題單獨拿出來寫呢？

因為比吸引關注更重要的是，用讓人想買的資訊去吸引關注。寫多了，你就發現，能賣貨的文案標題，主要有三種：

### 第一，事實

當你找到了產品的一個巨大事實，消費者關注的巨大事實，你不需要什麼技巧，直白地把這個事實寫進標題，消費者就會來。

很多絕版書，讀者到處找也找不到，這時候如果出了新版，你只要告訴大家，這本書終於能買到正版了，就會很賣貨。

地下暢銷十三年後，終於能買到正版的《文案之神尼爾．法蘭奇》是這樣，絕版十年再版的《文案之道》也是這樣。

這也是為什麼，王老吉的一句「王老吉還有盒裝」就很賣貨，因為這是一個此前從未有過的震撼事實。

說得更直白一點，這個讓消費者不容忽視的事實，其實就是最強購買理由。下次你先別著急寫，先去找到一個能鎖定消費者的事實再下筆。

## 第二，行動

第二種是不由分說，直接勸人行動。

你可能覺得沒頭沒腦上來就讓人行動，怎麼可能呢？

大部分消費者，都有選擇恐懼症，你要是能幫他們簡化選擇，很多時候就會被首選。

我們曾經給一本很精緻的雜誌寫過賣貨文案，比較遺憾的是，它的內容並不符合這個乾貨橫行霸道的時代的需求。做功課的時候，我們意識到它有個非常重要的作用，就是陪伴行業從業者成長，並且，這樣的人有至少一代人。

於是，我們非常直接地打感情牌，給了一個號召行動的標題：

**買下廣告業的十二年**

當然，勸人行動的標題，後面一定要給出合理的解釋，為什麼這個產品值得消費者毫不猶豫地買買買。

**勸人行動的賣貨文案標題，還常見於關聯某個消費場景、某種症狀、某種品類的特定品牌。**比如，「喝了娃哈哈，吃飯就是香」、「胃痛胃酸胃脹，管用斯達舒」、「買變頻選美的」就是這樣的。

## 第三，反問

前面兩種，都是從正面切入寫標題，還有一種很有效，但用得比較少的是反問。具體操作就是，你把某個消費者一定特別關注的問題，跟產品聯繫起來。

我們之前為一套橫跨三十年的廣告人職業生涯叢書寫過賣貨文案，標題是：影響三代廣告人的小強是誰？

顯然，對於任何購買這套書的人，首先就會很困惑：怎麼你們說得這麼牛，影響了三代廣告人的大前輩，我從來沒聽說過呢？

**不要回避消費者的疑慮，先坦白交代，解惑的過程更容易種草，觸發銷售。**

再說幾個你熟悉的例子：

買車你怕價格吃虧嗎？（易車）

洗了一輩子頭髮，你洗過頭皮嗎？（滋源）

旅遊之前，為什麼要先上馬蜂窩？

這些反問一出，消費者一定會跟著走，因為這幾個問題，都問到了心坎裡。

事實、行動、反問，某種程度，是藏在標題裡的最強購買理由和最大信任狀。

好的賣貨文案，
開頭一定要簡短直接，
重點突出誘惑大。

## 重點4 開頭：簡短直接，重點突出誘惑大

如果說標題決定了一半的人會不會來看你的文案，那麼開頭又決定了留下的一半人中哪些人願意接著往下看。

從目的來說，常見的開頭有三種：

### 第一，牽引

開頭一出來，消費者就要被你牽引，心裡大呼為什麼會這樣，想知道到底發生了什麼。來看這些賣貨文案的開頭：

- 多年鼓吹汽車的優點之後，汽車公司應該要直面其缺點了。（日產）
- 對大多數人來說，鑽到車子底下往往意味著事業的終結。（福斯）
- 謹獻給我唯一愛過的女人。（M&W）
- 命運沒有善待約克郡的女人們。（特利士苦啤）
- 銀行的規模和盈利，並不是一開始就像現在這樣龐大的。（Flex 帳戶）

**• 如果排名第二的租車公司說，它們比別人更努力，那我們絕不會與它爭辯，我們相信它說的話。（赫茲）**

**• 從未有人抽完一整根香煙。（健康教育辦公室）**

汽車廣告自曝缺點？鑽到車子底下怎麼會終結事業？他唯一愛過的女人是怎樣的？約克郡的女人們遭遇了什麼？銀行是怎麼壯大的？赫茲居然承認第二名說的是對的，怎麼回事呢？到處都有人抽了一根又一根菸，怎麼會說從未有人抽完一整根呢？

好的開頭，就像一個被誘餌包裹的鉤子，讓消費者情不自禁去追逐，最後跟著品牌的要求去下單。

## 第二，規則

當消費者決定看你的賣貨文案的時候，其實就證明，他已經接受了你要做商業活動。這個時候，不妨就直接一點。

開門見山說目的，制定交易規則，非常高效實用。不喜歡的會離開，喜歡的自然就會留下。比如，《文案之神尼爾・法蘭奇》的賣貨文案，一開頭就告知消費者我們要賣書，並和消費者約定價格、發貨等重要的交易規則：

賣貨文案1[2]：是的，《Neil French》終於出正版了，改名叫《文案之神尼爾．法蘭奇》。我要將這本打開我文案力的傳奇書，告訴每一個想提升文案的朋友。

賣貨文案2：請你思考一個問題：二二二元能買到什麼？請仔細閱讀本文，以確保以最低的價格拿到最多的回報。朋友圈預售試銷破一千套，首印只剩一千多套，現貨先買先發，十點半前下單的，今天發貨。

別看這兩段話沒什麼稀奇的，它的好處就是直來直去，節約彼此的時間。好的賣貨文案，開頭一定要簡短直接，重點突出誘惑大。

## 第三，更新

賣貨文案發布之後，消費者買了產品，會給你一些使用回饋，只要它不是完美的產品，好的差的都一定會有。

凡是你判斷，新的變化，對賣貨特別有說明的資訊，一定要第一時間，在第二次發布的開頭就跟消費者互通有無。

更新資訊的開頭，既反映市場情況，又像新聞，讓人不知不覺，就進入你劃的重點，以及你埋伏的誘惑點。

比如，《文案之神尼爾．法蘭奇》賣到第三年，開頭就改了一次，以彙報的名義，將消費者關心的銷量、品質、購買管道、適用人群、紅包福利等資訊先放上來。甚至，我們以坦誠而合理的方式，求助讀者轉發給他們的朋友：

二〇一七年七月上市至今，《文案之神尼爾．法蘭奇》兩度賣斷貨，銷售額破百萬元，第三印即將斷貨。這是你能收藏到的最好、也是唯一的正版。沒有上亞馬遜、當當和京東，大多數人並不知道這本書出了正版，你身邊若有朋友在找這套書，請幫忙轉給他們，感謝。一本文案傳奇書，適用於廣告人、新媒體人、廣告專業大學生及想要創建個人品牌的朋友日常文案打磨，特地推薦給你。喜歡的朋友請詳閱長文，及早入手受益多，前五十名下單可以私信我下單截圖領取十元現金紅包。

別看這樣的資訊沒有什麼文學含金量，但對於想買書的人來說，它既實用又有誘惑力，給人購買信心。

賣貨文案開頭，就是這麼簡單，你學會了嗎？

---

2 凡引用的賣貨文案，是原文中摘錄的片段拼湊，會在前面標注賣貨文案字樣。原文多段按順序全部引用，則前面不標注賣貨文案字樣。

好的證據，
都是精心設計出來的。
圍繞產品設計證據，
證據設計到購買全程，
全程證據要可驗證。

## 重點5 證據：既要可信，又要隨時可驗證

**賣貨的根基，就兩個字：信任。**

消費者只要信任你，賣什麼就已經不重要。因為他信你，你賣什麼，他都會買。合情合理的證據，是取得哪怕是第一次接觸你的消費者信任的保障。

好的證據，都是精心設計出來的，要點有三：

### 第一，產品

一手交錢一手交貨，產品本身的證據，是獲取消費者信任的底線。一般來說，產品證據分兩種：直接在產品上的和附加在產品上的。前者如椰樹椰汁的鮮榨，後者如椰樹椰汁的正宗。

**客單價越低的產品，直接在產品上的證據越多，就越能賣出去。**比如，養樂多金裝，它的證據是：

**• 五百億活性乳酸菌**

- **高膳食纖維**
- **高維生素E**
- **高維生素D**
- **高鈣**
- **低糖**

像這些證據，全都是在產品裡能找到成分，支撐這些說法。

**客單價越高，就越需要增加，附加在產品上的證據。**

比如，豪宅、豪車、名表、名包等高客單價產品，通常會提供：身份、地位、代言人等原本不屬於產品的證據。

從九狀找證據的方法來看，直接在產品上的證據有——擁有特性、新一代產品、製作方法，通過外力附加在產品上的證據有——成為第一、領導地位、經典、市場專長、最受青睞、熱銷。

## 第二，全程

現在媒體太碎，統一認知太難，要多在環節上設計證據。也就是從售前、購買、使用三個環節，去設計證據，進一步取信於消費者。

比如，售前的產品試用，周邊人群口碑塑造，廣告、銷售近場的促銷氛圍營運。像海底撈的美甲、線上排隊過號再延遲三桌、黑海會員插隊特權，都是它服務好的證據。

比如，購買時商家常做的分期付款、導購、幫忙帶小孩、給陪逛的老公準備專座、異地機場購買免費幫你郵寄，都是購買時品牌取信於消費者的證據。

比如，使用後出現故障有後續保障：賓士的三年一五〇公里免費拖車服務，蘋果電腦的返廠檢修，方太的上門安裝、維修和清洗服務，都是使用後驗證品牌信譽的證據。

是的，最好的證據，就是在購前、購中、購後三個主要環節，不斷打消消費者付款的後顧之憂。

## 第三，驗證

當然，不是你說了，消費者就會信，因為有很多商家是真的割韭菜式經商。像各種奶茶快招[3]，騙到錢就跑路了。因此，證據的可驗證性就非常重要。

---

3 以連鎖經營的名目快速招商的手搖店，收取加盟金後跑路。

也就是說，你說的證據，最好讓消費者很容易就從身邊人，或協力廠商平臺去查證，你到底說沒說實話。

沃隆堅果說自己是「三好」堅果，個頭大、天然香、真乾脆。這三個證據，只要買來跟洽洽、三隻松鼠等競品，往桌上攤開一對比，你一下就知道它所說的大、香、脆是真是假。

賣書的都關心豆瓣評分，做餐飲的都關心大眾點評評分，外送商家都關心餓了麼、美團等外賣平臺的評分……就是為了讓消費者驗證的時候，看到高分證據，堅定下單的信心。

總之，圍繞產品設計證據，證據設計到購買全程，全程證據要可驗證。

文案作者、
產品研發專家、
代言人，
是很有效的
三種賣貨文案作者。

## 重點6 作者：最有說服力的成功案例示範

**文案賣貨，如果能用好作者身份，很容易加速賣貨。**

我們分三點來說。

### 第一，強化信任

我們都知道，一個你沒買過的產品，看到身邊有熟人用，有人說它的好話，你掏錢購買就會爽快很多。

同樣地，當賣貨文案的讀者知道，寫這個文案的人，居然用過這個產品，試用評價也極高的時候，他們下單就會更果決。這裡讀者熟悉的作者，就是身邊的熟人，而觸發消費者更敢消費的原因是口碑好。

換句話說，賣貨文案中適度地亮明作者的身份，非常有利於賣貨。

這時候，讀者對作者的信任，就會轉移到產品上。特別是當作者在讀者的心裡是做事可靠的印象時，賣貨效果會更好。

仔細看《文案之神尼爾．法蘭奇》的賣貨文案，作者水滴石團隊從開始到結束，隔三岔五就跳出來給這本書背書。

比如這樣的：

**賣貨文案1：我要將這本打開我文案力的傳奇書，告訴每一個想提升文案的朋友。**

**賣貨文案2：我入行的時候，遇到的指導，也受到了尼爾·法蘭奇的影響。正是他的博客，讓我找到了通往尼爾·法蘭奇四十年傳奇廣告生涯經典作品集的鑰匙——尼爾·法蘭奇的個人網站。**

**賣貨文案3：我想起第一次看尼爾·法蘭奇給皇家芝華士寫的廣告，用超自信、略帶蔑視的語氣，說你買不起，反而引起你的注意，一度讓皇家芝華士搶到了品類第一的位置。**

本質上，作者是讀者熟知的、最近的，使用產品而取得成功的案例。

**這種身邊人的影響，是消費者最不會防備的最強購買拉力。**

## 第二，作者是誰

作者其實不單指寫賣貨文案的作者，通常還包括產品研發專家和表演說出賣貨文案的代言人。文案作者、產品研發專家和代言人，是很有效的三種賣貨文案作者。

回想一下，你是不是看到過類似的賣貨文案：

你知道嗎
60% 的國人有過牙敏感敏感反覆發生
會伴隨不可逆的牙損傷
我推薦舒適達專業修復牙膏
突破性 NovaMin 成分源自骨再生科技
深入牙齒受損部位
從根源修復敏感牙齒
胡恒生
葛蘭素史克中國研發負責人

舒適達（舒酸定）牙膏，就直接請公司的研發負責人來賣貨。

賣貨文案作者、產品研發專家和代言人之所以能加速賣貨，很重要的原因是他們對人群的影響力，以及消費者更願意相信，他們對產品有過測評。特別是前兩者，只有被產品感動過，才可能說得可信。

## 第三，注意事項

使用作者身份加速賣貨，一定要注意幾件事：

一是不要濫用。要在適合的時候，偶爾使用，這樣可信度才高。不會給人感覺，你就是一個賣貨的工具人而已。

二是體驗試用。在以作者身份做背書前，一定要自己用過，確實打內心覺得值得推薦給大家。不然，用一次，消費者感到上當受騙，就不會再有下次。

三是客觀描述。作者身份本身就有很強的暗示，這時候你不需要再大喊大叫，以相對克制和客觀的方式去賣貨，效果反而會更好。

你學會了嗎？

「要事必答，答得務必清楚；主動風控，別怕用戶流失。」

## 重點7 問答：重要又無法寫入正文的賣貨規則補充

寫賣貨文案之前，我們會做大量功課，篩選出可能賣貨的所有素材。等到寫完，總有些很亮眼的素材可能沒用上，這時候問答就能發揮作用。

### 第一，查漏

問答的邏輯相對自由，能很好銜接各種精心設計過的賣貨文案，而毫不違和。如果賣貨文案的正文，有一些要點沒寫，就可以放在問答中，單獨查漏補缺。對於快遞、使用方法、售後、批發或團購政策、發票、額外福利等，問答都是很好的方式。

在產品剛上市的時候，你可以將這些資訊放在賣貨文案的最後，輔助賣貨，以備消費者的不時之需。等到產品上市一段時間後，消費者相對熟悉產品的一些細節了，問答部分也可以撤掉。

問答資訊的增減撤換要隨機應變，開始的時候別少，到後來別多。

## 第二，強化

問答就是聊天，很容易喚起導購幫忙答疑解惑的情景。

如果在賣貨的過程中，有些重要的點你在文案裡沒有說透，或者你覺得說一遍不夠，或者有的問題沒有涉及，都可以設計相應的問答，簡單直白地交代清楚。

問答的強化，其實也是在為賣貨劃重點，減輕消費者的選擇負擔。

有一點要特別記住，如果你寫的時候，感覺到某個點是阻礙下單的問題，你一定要先於消費者提出來，給出合理解釋。

因為你有困惑的地方，消費者通常也會有。如果你忽視消費者關注的問題，他們就會忽視你的產品。

消費者會選你，是因為他們相信你會選。

## 第三，風控

寫賣貨文案的時候，我們心中只有一個信念：想盡辦法讓消費者買東西。

這樣很容易就寫得過滿，無意識造成過度承諾，拉高消費者的預期。

若不及時進行風險管控，很可能帶來大量的售後問題。

問答對文案賣貨的風控，同樣是一個相對合適的形式。

既直接又不會過於嚴肅，還能相容不同目的和類型的內容。

一方面，賣貨文案正文，可能因預期拉太高，導致收貨後的雲霄飛車式失望，務必要自己先提出來，提醒消費者他拿到的產品是什麼樣子的，不具備什麼東西，如果他介意就不要下單。

比如，我們在《用好定位》讀本的賣貨文案中，會第一時間說明該讀本主打精華提煉、字數少，價格不便宜，如果你就是喜歡買幾十元十幾萬字的書，才覺得划算，就不要買。

另一方面，對於可能造成的誤解和爭吵，提前進行界定和說明。如果消費者在意，他就不會買。

這種免責風控，非常必要，不要怕提出來會嚇跑消費者。

你要換個角度想，如果一個不合適的消費者，因為賣貨文案而來，並且產生了不應有的期待。長遠來說，這對你是一種巨大的消耗，因為你可能得花大把時間，去處理你們之間的矛盾。

要事必答，答得務必清楚；主動風控，別怕用戶流失。

朗讀，加速資訊傳遞；
刪減，增強傳播兵力；
通俗，打掉溝通門檻。

# 重點8 檢驗：讀一遍讓傳播順，測一遍讓賣貨強

我們之前一直強調，賣貨文案不是寫出來的，而是根據你對產品和消費者的了解，步步為營測出來的。

寫完賣貨文案，下一步就是檢驗。站在消費者的立場上，去檢驗你的賣貨文案，有哪些需要修改。

## 第一，朗讀

賣貨文案不論長短，從溝通效率上來說，口語是最高的。

不管你的賣貨文案發布在戶外、報紙、雜誌、廣播、網路、電視、電梯等哪種媒體上，要讓消費者以最快的速度懂你所說，一定要用口語溝通。

**怎麼確保用口語溝通呢？朗讀幾遍。**

拿起你寫的賣貨文案，大聲朗讀，這樣有助於你對細節的把握——有邏輯、可信。

朗讀的過程中，如果結結巴巴，說明邏輯沒有理順；如果覺得很空洞，說明你並

沒有寫出細節；如果自己都覺得寫得不可信，那一定要改掉。

經過朗讀檢驗的賣貨文案，消費者往往讀起來特別順暢，就像上了高速公路，讓人欲罷不能。如果他需要這個產品，往往會更快下定購買決心。

## 第二，刪減

想盡一切辦法，看有沒有可能再刪減。

**賣貨文案的字數越少，效果越好。當然，前提是確保資訊溝通清楚。**

我們曾經寫過一篇賣貨文案，產品方方面面的優勢都寫了，洋洋灑灑五千七百多字，配了兩百多張圖。不誇張地說，這個產品任何值得一賣的點，全部寫進去了。

恰恰是這樣周詳的賣貨文案，最後效果並不好。因為過多的資訊，導致閱讀負擔太重，很多消費者還沒看到購買連結，就已經被勸退了。

賣貨文案不是越長越好，而是字越少越好。字越少，傳播資源和強度越集中。好比一千萬元的廣告投放費，傳播三個字，字數減少為傳播一個字，它的濃度瞬間就增強三倍。一千萬元傳播一個字，就相當於三千萬元傳播三個字的效果。

很多人會有創作不捨的情結：我好不容易寫出來的賣貨文案，刪了可惜啊。一定要記住，我們不是拿客戶的錢，來搞創作的，我們是來幫客戶搞生意的。如果刪減賣貨文案，對客戶的生意更有說明，我們就要毫不猶豫地刪刪刪。

你只要問自己一句，這句話刪了會不會影響賣貨？不會就刪，會就不刪。

## 第三，通俗

試想，消費者連你寫的是什麼都不知道，有可能會買你的東西嗎？就像我們經常說的，公雞不理黃金。

盡可能使用小學語文常用三千字寫賣貨文案。這樣一定能保證，你的賣貨文案，上來就是上億級的中國人都能看懂的。

通俗的一個隱形技巧是，調用目標消費人群的慣用語和常用詞。比如，跟４Ａ[4]出來的人溝通，最好是中英文混雜的４Ａ腔；跟科學家溝通，最好邏輯嚴謹，用詞學術；跟小孩溝通，多用短句、疊詞和語氣詞……。

一定要保證，賣貨文案的用詞，對目標消費者來說是零基礎的。不用深想，不必查字典，看一眼就知道你想賣什麼，為什麼他一定要買，立馬買他有什麼額外好處。

一句話：朗讀，加速資訊傳遞；刪減，增強傳播兵力；通俗，打掉溝通門檻。

4 The American Association of Advertising Agencies 的縮寫，中譯為「美國廣告協會」，後引申為各國頂尖的廣告行銷公關代理商。

輸出知識，塑造形象。

# 重點9 知識：哪怕不買，也別讓消費者白走一趟

文案的目的是賣貨，但相對於立刻下單的人，更多人第一次看到文案，並不會下單。

這時候，只要你的賣貨文案，適當地加入知識，哪怕消費者這次沒買，也會為下次買做好準備。

具體怎麼做呢？

## 第一，塑造形象

**文案賣貨最好的狀態是：不著急賣貨，又時時刻刻引導著消費者買貨。**

今天的國人，可能比過往更推崇會搞錢等世俗成功，但當你要從他口袋裡掏錢時，他們普遍還是希望你有點情懷，別太商業。

學歷越高的消費者，越在乎這點。怎麼辦呢？輸出知識，塑造形象。

用知識塑造形象，把貨賣出去，堪稱範本的，就是董宇輝賣大米：

●賣貨文案1：我沒有帶你看過長白山皚皚的白雪；沒有帶你去感受過十月田間吹過的微風；沒有帶你看過沉甸甸的彎下腰，猶如智者一般的穀穗。我沒有帶你去見證過這一切。但是，親愛的，我想讓你品嘗這樣的大米。

●賣貨文案2：你後來吃過很多菜，但是那些菜都沒有味道了。因為你每次吃菜的時候都得回答問題，都得迎來送往，都得小心翼翼。你不放鬆，你還是懷念回到家裡頭炒一盤土豆絲，炒一盤麻婆豆腐，炒一盤番茄雞蛋，那個飯吃得真讓人舒服。

●賣貨文案3：我想把天空大海給你，把大江大河給你。沒辦法，好東西就是想分享於你。譬如朝露，譬如晚霞，譬如三月的風和六月的雨，譬如九月的天和十二月的雪，世間美好都想贈予你。你對我的好，就像這盛夏一樣。

第一段他沒有直接賣大米，他賣的是大米生長的環境。他給你描繪了長白山下、田間微風、彎腰的穀穗這樣一幅水稻生長的畫面，並且他把這些畫面，跟愛情聯繫起來了。

第二段他也沒有直接賣大米，他賣的是最舒服的食用大米的美好日常。

第三段他還是沒有直接賣大米，他賣的是分享好大米給你的磅礴情感。

大米在哪兒買不是買？可在董宇輝這裡，不僅價格實惠，還通過知識，讓你對一袋大米產生了前所未有的美好體驗。

這麼美好的體驗一出來，董宇輝的形象立刻就不一樣了。他超越了所有賣大米的專家，他簡直就是帶著所有人，領略了一次詩和遠方，奔赴了一場憧憬已久，卻遲遲未能如願的純真愛情。

必須要承認，這種上升到精神共鳴、文學高度的知識賣貨，是最難的。**大部分時候，我們要麼是直接通過輸出觀點，讓消費者感知到，你是這類產品的專家，聽你的一定沒錯；要麼就是直接化身為專家形象，讓消費者一看，就知道你是專家。**回想高露潔、舒酸定等產品的廣告，是不是經常用公司首席研發科學家，或者醫學博士做主角？

這些都是利用知識建立專家形象的絕好途徑。

一旦消費者默認，你是比他懂，且不會騙他的專家，賣貨就只是順帶手的事。難道你會跟醫生討價還價嗎？

## 第二，建立標準

對一個產品，賣家和買家都有發言權，這時候就看誰更懂行。

怎麼證明誰更懂行呢？

看誰對這方面的知識懂得多。這時候，**最好的做法，就是通過知識，重新建立一**

**種標準。用新的標準，替代消費者頭腦中已有的標準。**

消費者一看你的選擇標準顯然更好，就會聽你的。比如這樣的賣貨文案：

- **沒有後驅，不算豪華（凱迪拉克）**
- **好麵，湯決定（湯達人）**
- **真正的豪宅，必須在江邊，而不是和江隔著一條馬路，不解釋（定江洋）**
- **真茶真檸檬，夠真才出澀（維他檸檬茶）**
- **營養還是蒸的好（真功夫）**
- **一好個頭大，二好自然香，三好真乾脆（沃隆三好堅果）**

什麼叫豪華車？什麼叫好麵？什麼叫豪宅？什麼叫檸檬茶？什麼叫營養？什麼叫三好堅果？立刻給出一個不容置疑的新標準，並且這個標準，一定是你能馬上驗證，或者很快認同的。

**上面都還是基於看得見、摸得著的物質上的知識，建立標準。更高明的是用知識，重構精神上的標準。**

這方面，NIKE非常擅長。不過，我們想給你看的是小黃靴Timberland寫的一段文案：

哪有一雙穿不壞的鞋啊
不管它看上去有多牢固
就像有個無話不說的人
某一天，突然就無話可說

或者有個人，想跟你一直走下去
後來她有事，先走一步

有個人跟你說了他的夢想
你信了，他醒了

唱哭你一整場青春的歌手
唱不出你新的故事
還他一張票吧，再無虧欠

追隨了多年的背影
遮住了風雨，也擋住了風景

給他一個擁抱吧，無須留戀
可能所謂成長
就是有幾段路
只能一個人走
**走著走著，鞋就穿壞了**
**穿壞了，換一雙新的**
**哪有穿不壞的鞋**
**只有踢不爛的你**

一開始就坦言，沒有穿不壞的鞋，但是每一雙鞋都在陪伴你成長，穿壞了就換一雙，再繼續走你的路，做踢不爛的你。

用強大的知識，將一雙鞋，硬是寫進了你的成長故事，而且還非常順暢地勸你鞋壞了就不斷在他家買新鞋。

配上畫面以鞋子為主視角的運鏡，非常動人。有興趣的人，可以去找原影片看一看。

踢不爛廣告影片

## 第三，幫助試用

通常，我們常見的試用是試用裝、小包裝、買一送一，或者非常便宜的試用價。其實，不用拿到產品，在賣貨文案中，靠知識講解，也能夠幫助消費者完成試用。是的，你只要假設他拿到了產品，提醒他該怎麼用就好。

比如下面這樣的：

**喝前搖一搖**（農夫果園）

**飯後嚼一嚼**（江中牌健胃消食片）

**兩粒雅客 V9，補充每日所需九種維生素**

更深一層的試用，就是用知識全方位教消費者使用。如果是在直播、公眾號、電視專題片、電商詳情頁等，能夠大篇幅詳細介紹產品的場合，你可以把使用方法、使用量、使用場景、使用搭配物、使用注意事項等，都好好講一講。

另外，試用也跟產品的複雜程度有關。比如，房子、汽車、數位相機等高價產品，就值得掰開了、揉碎了幫助消費者試用和使用。

試用和使用講得越好，越會給消費者一種，我已經擁有了這個產品的錯覺。聽了大量的好處之後，不買他們會感覺自己虧了。
消費者就是這麼有意思。

好的賣貨文案
從來就不是寫出來的，
而是透視人性後的
直白翻譯。

# 重點10 技術：文案賣貨最不重要的事

我們前文講了很多文案賣貨的技術。儘管如此，我們想告訴你的是：文案賣貨最不重要的就是文案技術。

技術不重要，什麼重要呢？

## 第一，人性洞察

很多人一想到文案賣貨，就想到坐下來苦思冥想撰寫等場景。當你想到的是這些場景時，你對文案賣貨的樂趣就沒了，因為你想到的全是痛苦畫面。

實際上，好的賣貨文案從來就不是寫出來的，而是透視人性後的直白翻譯。

我們要熟悉所賣產品和它的消費者，而後再洞察人性，以鋒利的策略邏輯翻譯人性，賣貨文案的技術，反而是最不重要的。

**人性洞察到底在洞察什麼？說穿了就四個字：多快好省。**

第一是「多」。消費者的特點就是這樣，希望同樣的錢，買到的好東西更多；保健品助眠、養氣、補鈣；奢侈品穿出去有面子，戴出去很光彩；沒見過的想見一見，渴望掙到更多錢……等等。

第二是「快」。消費者總是追求效率，「美團外賣送啥都快」幫你節省時間的產品就來了。

第三是「好」。消費者想要舒適的生活，有的品牌就說「給您一個五星級的家」；消費者想要品質可靠的產品，很多品牌的廣告就會說「請認準某某品牌」；消費者想免於恐懼，有的品牌就說「怕上火喝王老吉」、「怕蔗糖喝簡醇」；消費者想要社會認同、享受美食、擁有健康、找到好伴侶等，都是「好」的表現。

最後是「省」。說白了就是盡可能少花錢。直播最低價、折扣、優惠券、雙十一、第二杯半價……所有這些都是基於人性來設計的。

當你找到了產品對應人性的切入點，賣貨就已經成了一半，其餘的就只需按部就班。

## 第二，策略邏輯

同一個產品，賣貨路徑千千萬，策略邏輯就是比較推演之下，選擇最合適最有效的賣貨方式。比如，賣一個產品給小孩，你是選擇直接給他們看產品，像奧利奧，扭一扭、舔一舔、泡一泡做演示，還是像麥當勞，用誘人的食物和餐廳的歡樂去吸引他們，甚至直接價格減半，喊家長們帶孩子去買？

不同的策略、不同的邏輯，就是不同的方向、不同的路徑，它決定了你整個賣貨文案的銷售效果。

## 第三，文案技術

人性洞察、策略邏輯選定後，技術是最簡單的，無非是用消費者喜歡的說話方式，用最少的字，最打動人的直白詞彙，翻譯出觸發購買的人性。

電視劇《人生之路》，第十集第二十分四十秒，有一個橋段：劉巧珍幫高加林賣饃。整個思路，就是我們前面講到的，經典的文案賣貨「吸簡催」。

賣饃嘞
高家村的大白饃
大喊一嗓子，就吸引了眾人的注意，讓人圍攏來。
高家村的大白饃

高家村一定在當地很有名，做的饃遠近聞名，就像茅臺鎮的白酒。

**今年的新麥磨的麵**

磨麵用的是今年的新麥子，味道肯定更好，惹得大家都想吃這饅頭。

**大白饃**

又喊了一嗓子，介紹饃的特點，又大又白，看一眼就知道她說的是真是假，消費者自己可以立馬驗貨，這個細節用得好。繼續喊：

**賣饃嘞**
**二兩三的大白饃**

開始在顏色、形狀的基礎上，介紹重量，二兩三，很大一個、分量很足。最後再臨門一腳，講價格很實惠，同時趕緊催單。

**一毛五一個**

你看，這些技術複雜嗎？全是家常話。

高家村的大白饃，今年新麥磨的麵粉，一二兩三，最後價格還不貴——吸引關注、簡介產品、催促下單，文案賣貨「吸簡催」，一步不落。

**好的賣貨文案，消費者壓根感覺不到文案寫得好，他只是一口氣看到了最後，毫不猶豫地下了單。**

希望，這只是你寫賣貨文案的一個新開始，而不再陷入文案的炫技，扎扎實實去改變消費者的思想，影響消費者的行動。

最後，我們拿一句話來共勉：**文案是結構化的商業寫作，每一句的目的都是賣貨。**

# 第四章

# 疑難

## 攻克這 14 個最難場景，賣貨再也難不倒你

賣貨有很多場景，邏輯就這兩個：不能改產品，就端出文案賣貨「吸簡催」，放大優點，快速賣掉；可以改產品，就端上文案賣貨「找三能」，捕捉需求，重新設計。

具體到不同的產品，還有一些場景，是我們文案賣貨，一定會碰到的疑難雜症。我們用自己賣過的產品，幫你總結出來了。攻克這十四個最難場景，文案賣貨就再也難不倒你。

各疑難下方 QR code 皆為該案例範本，可掃取觀看。

## 疑難1：怎麼自產自銷賣爆價格近兩百元的產品？

案例1：《文案之神尼爾・法蘭奇》

售價：一六〇元／套

購買理由：豆瓣評分最高的傳奇文案書

請參考前文第九三～一三二頁的逐字詳解，此處不再贅述。

凡讀者留下的讚美，
都是有助賣貨的信任狀。
凡讀者留下的批評，
都是要去解決的
問題和負面認知。

# 疑難2：怎麼像賣手機一樣賣爆
# 人民幣價格 兩千元左右的產品？

案例二：李欣頻全集
售價：一七九九元（約台幣八千一）／套
購買理由：豆瓣創意書評分最高紀錄保持者

當時出版社找到我們，我們一看，一套書二十三本賣二五八〇（約台幣一萬二）元，馬上就跟聯繫我們的人說，不要寄書，我們不想賣，我們多年來賣過最貴的產品也就兩百多（約台幣一千多）元。兩千多元一套書，我們絕對賣不出去。我們說你不要寄書，收了書不賣，還有占人便宜的壓力。

沒想到，出版社的小姑娘非常聰明，她說你們千萬別有壓力，哪怕不賣，我也不會有一句怨言。我們當時堅持認為，送書給我們，我們也一定不會賣。不想人家損失那麼大，於是我們從這二十三本書裡，選了《廣告創作》和《創意教育》兩套十六本，這十六本和廣告人有關，我們自己也能用上。

沒想到的是，一看到產品，我們就被打動了。就跟小夥伴說，這套書，閉著眼睛推，沒有任何問題。賣不出也沒關係，這麼好品質的書，至少也能給我們的微信公眾號背書。如果賣得出，就真是讀者的福音。

《李欣頻的人生學校》的製作是目前為止我們看到的李欣頻所有版本的書裡，最用心的，做得非常好。我們鼓起勇氣，開始搜羅李欣頻的相關資料。

看了大量的資料後，我們發現了一個獨特的賣點：她的《十四堂人生創意課》在豆瓣有一萬三千多人評分，居然得到八分以上。這種成績，不說廣告書，就是把所有的書放在一起比，這本書的分數都是屈指可數的。這是一個沒有對手的優勢，我們趕緊提煉出來：豆瓣創意書評分最高紀錄保持者。

當時我們就想，什麼產品賣兩千元左右，消費者會覺得合理？你賣給他，他非但不拒絕，還會感激你。我們快速「掃描」了一下，發現手機就是這樣的產品。少則上千元，多則上萬元，兩千元左右的手機也好賣。賣貨策略很快就確定了——像賣手機那樣賣書。

一對多地賣手機，有個重要場景是開發布會。於是，我們在朋友圈發布了團購預告，拉了兩百多個感興趣的讀者集資，拉群組做了一個線上發布會。

發布會的整個過程，就是測試賣貨文案的過程，在這個過程中，發生的所有有利於賣貨的事，都是信任狀。一定要記住，凡讀者留下的讚美，都是有助賣貨的信任狀。凡讀者留下的批評，都是我們要去解決的問題和負面認知。

我們在賣這個產品的時候，還發現一個賣貨文案新技巧，就是向消費者展示官方授權的特約經銷認證。它的作用，和我們在實體店常看到的特約經銷商證書，是一樣的，能更快促成消費者信任我們，加速賣貨。

產品策劃階段，
就要基於賣貨，
把四P全部倒推想清楚。

# 疑難3：怎麼重做絕版產品並利用時事和稀缺賣爆？

案例三：小豐文案辭典
售價：一九二元（約台幣八百六十四元）／套
購買理由：十六年來，無數文案在找的絕版書

小豐文案辭典當時面臨的問題是什麼呢？第一，二〇〇四年的產品，面臨過時的風險。第二，原有的產品非常薄，如果照舊做一本大眾版，根本沒有自媒體帳號願意賣。要重新做起來，一定要把產品規劃成所有自媒體帳號都願意賣。價格定到二五六元（約台幣一千一百元），得做成四本。如果要自媒體帳號樂意幫忙賣，在產品策劃階段，就要基於賣貨，把四P全部倒推想清楚。

「十六年來，無數文案在找的絕版書」，這是定位裡面熱銷的另一種寫法，一下就把這個產品的稀缺感凸顯出來了。最開始，我們是用「USP理論」寫，叫「絕版文案書，十六年後新增再版」。這就是從自己的產品出發，有自賣自誇之嫌。

當時我們出了三個備選標題，找朋友討論，聊著聊著，我們說：是不是能用「十六年來，無數文案在找的絕版書」？再變成「豆瓣八．〇，十六年來，無數文案在找

的絕版書」，澎湃感一下就出來了。

當時為了讓讀者一下感知到，小豐文案辭典中的原則，在今天還是很好用，我們特地採用了一招：利用時事。把書中的原則，一條一條，對應到當年大熱的《後浪》、《乘風破浪的姐姐》等多種文案創作場景中，讓消費者自行得出結論，並期待從產品中獲得更多。

賣貨文案要寫得有細節，
可信、可推敲，
前期花時間挖寶藏
是必不可少的功課。

# 疑難4：怎麼利用別人的名氣做新產品賣給更多年輕人？

案例四：葉茂中後援會

售價：九九～三六五元（約台幣四百五～一千六百元）／年

購買理由：吃透葉茂中，服務收費漲上去

當時我們要做葉茂中後援會，核心就是把葉茂中的名氣，轉嫁到後援會上，這樣才能更好地把產品賣出去。這個產品的人群非常精準，我們就是打乙方人群，喊出「服務收費漲上去」這個最強購買理由就夠了。同樣做行銷策劃，大部分乙方是求著甲方拿業務，還收不了高價，而葉茂中不僅收費高，還必須先付全款，再幹活。

喊出最強購買理由，把產品價值設計得一年超過三六五元即可。

這次的賣貨文案，我們第一次，把某與某是葉茂中門派小弟，把葉茂中上百個金句等強有力的信任狀，全部梳理了出來。之前我們去葉茂中的公司，那時候老葉還在世，他們公司的人說，我們把葉茂中研究得比他們內部人還清楚。這一點不假，賣貨文案要寫得有細節，可信、可推敲，前期花時間挖寶藏是必不可少的功課。

文案賣貨，
不僅是賣貨的理論，
更是從〇到一創業的理論。

# 疑難5：怎麼做售後服務多賣三倍價格？

案例五：定位全集

售價：八九九～五千元（約台幣四〇五〇～二萬二千五百元）／套／人

購買理由：為什麼定位難用好？

二〇二〇年底，我們重新發現定位的價值後，就第一時間去找出版社代理了定位全集。用定位，上手快，但要迅速提升自己，最難的是什麼呢？難在用好。實際操作，很考驗從業人員對細節的判斷。很多定位學員，都是這個問題。我們想既然問題這麼突出，乾脆就從問題入手，把定位學員心中最難的問題，幫他們找出來，問出來，再提供解決方案：不能唯讀一本《定位》，而要讀定位全集，從全域全盤掌握。

定位全集定價一一三四元（約台幣五千一百元），從機械工業出版社獲得代理權後，我們算了一下，如果只是賣定位全集，掙不了多少錢。既然難在用好，乾脆我們就親自下場教大家學、教大家用。原本教人學、教人用只是售後服務，而有了它之後，我們定位全集的售價就從八九九元上漲到兩千元，再到現在升級為用好定位研習班收五千元／人／兩天。一項售後服務，直接讓我們做成了一個附加產品，一個新的產品，一個能長期滾動銷售的新產品。

你看，為了賣好一個產品，我們硬是做出了一個新產品。我們常說，我們的文案賣貨，不僅是賣貨的理論，更是從〇到一創業的理論。

如果你不知道怎麼寫賣貨文案，
你就以問答的方式，
問出消費者購買時
最關心的主要問題。
然後邊回答邊解決消費者的問題，
邊引誘他們購買，
再以一個好讀的邏輯串起來。

## 疑難6：怎麼調動情感調整資訊賣非剛需產品？

案例六：廣告門十二週年合輯
售價：二八八元（約台幣一千三百元）／套
購買理由：買下廣告業的十二年

我們寫賣貨文案，很少用情感去打動別人，通常是直接上利益，你信就來，不信則走。因為絕大多數情況下，情感訴求很難形成購買的對號入座，效果太不明顯，需要更多的時間和大量的行銷費用。

當時接到廣告門的十二週年合輯，第一感覺是不太實用。對方很誠懇，寄了三套給我們，特別重，我們被它的做工和用料徹底震撼了。我們猜想，廣告門的老讀者拿到這個雜誌，哪怕沒有學到技巧和乾貨，就算是拿來當裝飾，都不會感到遺憾。

我們跟他們說，先把零售價提高到三二〇元（約台幣一四四〇元），製造價格錨定。實際售價我們還是按照他們一直在賣的二八八元來。為了讓產品看起來更有價值感，我們給產品改了一個新名字叫《門》雜誌，這樣聽起來就是給全行業發行的。原來的十二週年合輯，更像是一家公司的內刊，給讀者的第一印象是跟我無關。

因為改名，我們當時還跟廣告門的小夥伴爭執了一番。我們當時已經準備好如果他們不同意，那我們這篇賣貨文案就作廢不發了。幸虧他們也很專業，最後還是理解並同意了我們的建議。

一切準備妥當後，就開始赤裸裸地打情懷牌。明確讓消費者知道，吃這個情懷，就買。如果你不開誠布公打情懷牌，等消費者拿到產品，他可能就會說不是很實用，甚至罵人。

這篇賣貨文案，我們採用了最簡單的問答方式行文。如果你不知道怎麼寫賣貨文案，你就以問答的方式，問出消費者購買時最關心的主要問題。然後邊回答邊解決消費者的問題，邊引誘他們購買，再以一個好讀的邏輯串起來。

我們開頭就問「還有人看廣告雜誌嗎？」，先破掉消費者的心理防線。

最後，哪怕是調動情感，賣情懷，我們寫得還是非常具體——買下廣告業的十二年。二八八元買的是十二年的光陰歲月，是你和廣告門之間的感情，是你跟廣告門創始人之間的深情厚誼。這時候，二八八元還貴嗎？

後來，聽廣告門的小夥伴說，這個賣貨文案，寫出了他們的心聲。廣告門的老闆勞博還特地在行業群裡發紅包推廣這篇文案。

文案賣貨，
如果只記住一句話，
就記住：決定對誰說話。

## 疑難7：怎麼揚長避短把產品精準賣給需要的人？

案例七：《〇到一百萬》
售價：七十九元（約台幣三五五元）／本
購買理由：邊緣自媒體人的生存之道

很多人會說，很多產品之所以好賣，是因為產品本身就很有名。其實，哪怕產品不太有名，也有不太有名的賣法。我們的微信公眾號「廣告常識」早年也沒有現在這麼大的名氣。當時，我們要出書講自己做自媒體的經驗，怎麼賣出去呢？我們把自己的經驗，定位為邊緣自媒體人的生存之道。

你們是頂流，我們就是非頂流，對不對？其實，非頂流很多時候是更多人群，為什麼？真正數一數二的企業，放眼中國有幾家？真正在互聯網風頭的，又有幾家？大部分企業，都是下沉市場裡的中小企業，甚至是小微企業。同樣，真正做得特別好的自媒體人還是少數，大部分的自媒體人都是邊緣自媒體人。

我們定位清楚了，就解決了消費者非買我們不可的理由。再圍繞這個需求之上的定位，從書名到整體內容做好產品設計，後面對著精準人群，一下子就賣出去了。

文案賣貨，如果只記住一句話，就記住：決定對誰說話。你一定要想清楚，你在對誰說話。

深耕一個行業，
開視野非常重要。
過了早期的技巧，
後期知道行業頂尖人士的
視野是怎樣的，做事會更扎實，
也更有底氣。

# 疑難8：怎麼利用名人效應和故事把低價值賣出高價格？

案例八：林桂枝創意課

售價：九十九元（約台幣四百五十元）／份

購買理由：奧美文案女王，達人師父的創意課

「奧美文案女王」是賣業內，「達人師父」是賣業外。知道林桂枝是奧美文案女王的行內人，一定買。不知道林桂枝的，說一聲達人大概率知道，達人師父的創意課，借勢達人，一下就好賣了。

整體賣貨策略就是：抱奧美和達人的大腿。

這個賣貨文案，我們第一次沒上物質價值，而是以講故事喚醒精神價值為主。這個產品是以聊天為主的課程，沒有特別實的東西。為什麼我們還要賣呢？因為我們一直堅持，深耕一個行業，開視野非常重要。過了早期的技巧，後期知道行業頂尖人士的視野是怎樣的，做事更扎實，也更有底氣。

文案賣貨，我們歷來是反對講故事的。這次我們違反了這個原則，就因為這個產

品，不講故事，真的很難賣出去。能被林桂枝的故事打動，就能接受這個產品，而不能光靠產品本身就觸動賣貨。

當時這個賣貨文案，效果出奇好，好到有人留言罵我們，說林桂枝這麼大牌，還需要蹭達人的流量嗎？有一個大佬還問我們：「林桂枝給了你們多少錢，你們把她寫成這樣？」

林桂枝真的沒有給我們錢，我們就是靠賣產品拿提成。之所以接這個專案，是因為我們真的很喜歡這個前輩對待專業的態度，我們希望更多人被她的態度影響。

不然最早，我們商務是拒絕了這個合作邀約的。

# 定位
# 越靠近銷售場景，
# 越要放大購買理由。

# 疑難9：怎麼讓一款產品從試銷到全面升級長銷？

案例九：創意七十二變
售價：八十二～一九二元（約台幣三七〇～八七〇元）／份
購買理由：感謝它，讓廣告人不再害怕想創意

「創意七十二變」最開始試銷的時候，是七十二張一套的創意頭腦風暴卡，然後逐漸升級成兩書一圖一卡一庫的整套產品。售價從八十二元到一百元，再到一九二元。它很好地展示了產品怎麼隨著價格輪轉反覆運算。

它的定位是創意實戰全套工具，也很賣貨，但還不是最賣貨的購買理由。定位越靠近銷售場景，越要放大購買理由。所以，我們一直說定位解決的是你是誰，有的時候你是誰就是消費者的購買理由。但大部分時候是做不到的，還要再找角度縮小到一個消費者可感知的購買理由，才能賣出產品。

這也是為什麼，這裡定位創意實戰全套工具，賣貨文案的標題卻是「感謝它，讓廣告人不再害怕想創意」。

購買理由的切入點
一定要尖銳。
跟產品實際價值無關的影響力
是增強信任、
快速下單的強大基礎。

## 疑難10：怎麼單點突破促銷一個組合產品？

案例十：《毛線九日談第一季》

售價：五十九元（約台幣二六〇元）／本

購買理由：一本被廣告圈嚴重低估的實戰書

這個產品，是一個合集，九位國內廣告大咖，每人分享一堂自己的獨門手藝。合集的好處是花樣繁多，這個不喜歡，可能那個很合適。不足是水準不一致、不系統，消費者很可能會因為某個缺點，而否定整本書。

九個人是分散的，力量無法聚焦，賣貨文案寫起來就很沒有力道。所以，這本書賣得一直不溫不火。

直到二〇一八年，華帝退全款[1]爆火，空手的知名度也起來了，再加上團長等[2]

1 二〇一八年世界盃期間，廚具廠商華帝推出「法國奪冠退全款」活動，因法國隊勝出，成功提升品牌聲量，成為經典行銷案例。

本來就是業界熱捧的前輩，被低估似乎成了這本書的一個標籤。於是我們從這個點切入，集中以團長、鄭大明、空手三個有熱度的作者去論證，果然效果遠超過去，不僅清了庫存，還不夠賣。

從這個產品，我們學到兩個很重要的賣貨要點：一是購買理由的切入點一定要尖銳，二是跟產品實際價值無關的影響力是增強信任、快速下單的強大基礎。

2 空手、團長（陳紹團）以及後文提到的鄭大明皆是中國廣告行銷圈著名人物。

如果你始終沒有找到
好賣貨的產品核心價值，
要麼你找的角度不對，
要麼你做的功課不夠。

## 疑難11：怎麼重新定位梳理出賣量的產品核心價值？

案例十一：衝突理論[3]
售價：四千元（約台幣一萬八千元）／兩天
購買理由：本土行銷學衝突

二〇二一年，我們去葉茂中公司幫衝突理論做過一次梳理，寫的廣告語是「本土行銷學衝突」。

衝突理論當時面臨的一個狀況是，華與華[4]太會宣傳，對它衝擊很大。我們在〈我看葉茂中〉那篇文章裡，就畫過一個中國行銷傳播陣營地圖，特地把華與華歸為葉茂中開創的本土行銷陣營下的一個公司。那幅地圖其實是在幫葉茂中、幫衝突理論做防禦。

這次梳理改動還是滿大的，戰略和四P都有所調整。一方面是把衝突理論是本土行銷理論老大的領導地位明確喊出來，同時一天課改兩天課，兩千元變四千元。葉茂中後援會也是因為葉茂中跟新時代廣告行銷人有所脫節的一個人群補充。

當時為了讓大家相信，本土行銷，衝突理論是老大，我們做了大量功課，找到了很多無可辯駁的事實。第一，葉茂中公司服務完以後，核心話術或畫面，企業十幾二十年間沿用不改的，有二三十個案例，這在本土行銷公司裡是絕無僅有的，華與華都望塵莫及。第二，國民級金句，傳播度很廣的，它有將近一百句，非常可怕。像這種案例一甩出去，就不用再多說廢話。

這件事給我們最大的啟發是：如果你始終沒有找到好賣貨的產品核心價值，要麼你找的角度不對，要麼你做的功課不夠。

3 衝突理論由葉茂中提出，主張需求源自內在矛盾，行銷應發現、創造並解決消費者衝突，以激發購買動機，是洞察人性與驅動行動的核心策略。

4 品牌設計行銷策畫公司。

還原式賣貨，
最大的好處是
身臨其境的「煽動性」，
看的人會自行代入情景。

## 疑難12：怎麼身臨其境還原使用體驗「煽動」購買？

案例十二：定位大師課

售價：九九九元（約台幣四千五百元）／人

購買理由：盡是花小錢創大營收的新定位核武器

定位大師課解決了我們聽到的業界很多人對定位的一個質疑：定位已經過時，沒有新發展。

聽完這個課，我們覺得不是那麼回事。「定位大師課」這個產品是一個簡短但直擊要害的、鞏固療效的、正本清源的入門課程。我們上完後，就直接把自己心存的疑惑被解開，得到最震撼的結論當作了標題——以為是老調重彈，沒想到盡是花小錢創大營收的新定位核武器。

這個賣貨文案，把上課的所有重要環節全部還原出來，像一個文字版的課程體驗重播。

它是典型的文案作者全程背書的賣貨文案，還原式賣貨，最大的好處是身臨其境的「煽動性」，看的人會自行代入情景。像跟著我們預先體驗了一把課程，只要他喜歡文案裡還原的那種感覺，他又需要學習定位，他就一定會買。

當產品擁有
行業奇觀式的震撼事實，
只要擺出來，
就能靠量大、稀缺、獵奇
賣高價。

## 疑難13：怎麼集合行業奇觀大賣？

案例十三：《幕後大腦》
售價：九十九元（約台幣四百五十元）／本
購買理由：一〇四位金牌廣告人寫的案頭書

一〇四位金牌廣告人一起寫書，這個噱頭就足夠讓消費者購買這個產品。唯一美中不足的是，定價有點高，沒辦法達到銷量五萬冊的預期。我們可以靠書賺影響力，但對於出版社來說賣書是生計。

儘管我們特別想前期賠本超低價起售，後期再恢復正常價格賺錢。但這可能會給出版社帶來壓力和風險，商業合作還是得考慮合作夥伴的利益，否則合作不會長久。

像這種一〇四個總監或老闆級別廣告人寫書，本身就是一種罕見的行業奇觀，是吸引人購買的超強點。雖然售價九十九元，但是分攤到一〇四個人頭上，其實價格不算高。

當產品擁有行業奇觀式的震撼事實，只要擺上檯面，就能靠量大、稀缺、獵奇賣高價。

我們要把
潛在需求變成剛需，
通過賣貨文案挑明。
具體操作上，要借助潮流。

## 疑難14：怎麼把實用的產品賣給原本不需要的人？

案例十四：《幕後大腦 2》

售價：八十六元（約台幣三百七十元）／本

購買理由：二〇二二廣告圈第一本熱銷書

廣告人、創意人其實是很不注重方法論的，甚至有些討厭方法論。而我們就是要把這個產品專門推給這群不喜歡，或者說不需要方法論的人。聽起來挺自找沒趣的。但你仔細分析，會發現他們的不需要，只是沒有意識到自己需要。我們要把潛在需求變成剛需，通過賣貨文案挑明。具體操作上，要借助潮流。現在行銷諮詢正走在趨勢上，這個時候向從業者賣方法論，比以前更容易。另外，要長期賣、堅持賣、一直賣，堅持之下，很多原來動搖的，就會被我們感染成交。

頂級的賣貨文案，
應該是當人看完後，
產生這樣的判斷：
此時此地非買不可，
或者，
今生今世我用不上。

# 附錄1

# 文案賣貨不變法則33條

以下是十年來，我們攢下的三十三條文案賣貨不變法則。首次公開，供您參考。

一、**消費者**。第一，決定你要對誰說，適當迎合他們，適度引領他們，但別代替他們思考。第二，牢記第一點。

二、**人性**。好吃懶做、貪圖享樂、貪財好色……人之本能。用愛吸引，用怕推進。

三、**真誠**。真誠是最強大的賣貨武器，所有技巧的運用、利益的放大，都要基於事實。騙一次，毀一世。

四、**測評日記**。賣貨文案不是寫出來的，而是你熟悉產品、消費者、對手後，一步步在銷售中測試出來的。我們能做的就是要像記日記一樣，投入情感記錄，而後大規模推廣。

五、**戰略**。位置決定價值，賣貨文案，要上接戰略，下抵貨架。同樣一句文案，表達戰略值千萬，只是賣貨文章的一句話，只值一塊。

六、**購買理由**。準確表達購買理由，是賣貨文案的下限；引人信仰，一買再買，是賣貨文案的上限。

七、**形容**。用好形容，才能快速講清楚產品獨一無二的差異點。不管你用名詞做形容，還是直接用形容詞，精準形容是考驗賣貨文案的基本尺度。

八、**目的**。萬法皆由目的生，目的決定賣貨的策略、手段和細節。

九、**證據**。沒有信任無從賣貨，事事有證據，句句有出處，不過度承諾。

十、**通俗借勢**。用小學語文常用三千字寫作，用鄉野村婦都能聽懂的話賣貨，用人們熟悉的事去解釋、去誘惑。

十一、**少講故事**。故事天然給人虛構的不真實感，讓人感到天馬行空在忽悠。除非你的故事，一聽就和所賣產品有關，非講不可，講了可信。不然還是少講。

十二、**重複堅持**。有效的方法，要放大到所有事上，長年堅持使用，直到失效再改用新的。

十三、**短**。刪除所有廢話，不能對賣貨起作用的話一概不說。小豐文案辭典第一版賣貨文案五千七百多字，洋洋灑灑資訊太重，反而抑制了賣貨，第二版砍掉三千字，銷量提升三倍。

十四、**變**。隨時關注外界變化，一旦消費者的心理、對手能力、自身實力有變化，要第一時間，把新的信任狀寫進賣貨文案，讓它更有利於賣貨。

十五、**結構**。賣貨文案是結構化的商業寫作，每一句都指向賣貨。先從你最先想到的那句開始寫，一句一句寫，最後再編輯裁剪。

十六、**聊天**。好的賣貨文案，就像聊天。沒有慷慨陳詞，不會假大空。就像每次跟親朋好友聊天，自然而真誠地推薦你喜歡的東西。怎樣培養聊天的語感？多看解說、點評類綜藝節目。

**十七、抄**。所有同行都在替我們實踐，我們也在替所有同行實踐。凡是被同行驗證過有用的方法，抄過來用就好。我們不是教你抄襲，要記得注意風格化規避風險。

**十八、轉換**。把人們熟悉的東西，再一次賣給他們，比賣全新的東西容易得多。如果你正在賣一個全新的東西，至少要有一個點轉換為他們熟悉的東西。

**十九、算帳**。大帳算成小帳，經濟帳算成情感帳。把所有帳算到消費者能接受的區間。

**二十、詞性**。如果說賣貨，是洞察人性的過程，那麼寫賣貨文案，就是調動詞性翻譯人性的過程。不懂詞性，沒辦法翻譯人性。

**二十一、篩選**。當消費者看到第一句話時，篩選就開始了。能下單的都是賣貨文案篩出來的。如果你確定你的賣貨文案寫得一流，就不要害怕有人讀著讀著就跑了。無關人員，看到最後也不會貢獻銷量。

頂級的賣貨文案，應該是當人看完後，產生這樣的判斷：此時此地非買不可，或者，今生今世我用不上。

**二十二、策略**。賣貨文案，直線未必最近。所謂賣貨策略，你可以理解為，你為賣某個產品，而對售前、售中、售後的關鍵問題，事先制定好一套規則，然後用文案表達出來。

**二十三、產品**。親自體驗一次購買、使用產品的全過程，熟悉產品要像熟悉自己。不要為你沒用過、你不相信、你不熟悉的產品寫賣貨文案，這是基本職業道德。

二十四、**價格**。產品的定價部分，是賣貨最難的部分。不要突破價格認知區間，超出認知區間要有合理的理由。老客戶給最多優惠、早買多買多優惠、短期不降價。

二十五、**多寫熟練**。你比別人聰明的可能性是有的，但更多的可能是你天天在做，做得比別人更持久就更容易成功。（葉茂中說的）賣貨文案，犯的錯足夠多，離寫得好就越來越近。

二十六、**別怕長**。價格稍微一高，關注就多，賣貨文案就很難短。把消費者購買決策所需要的依據都寫完即可，無論長短，不囉唆、別廢話就行。

二十七、**省**。幫消費者省錢、省時、省事，更重要的是，試用、配圖、影片要刻意省略關鍵部位，讓消費者不買心癢癢。

二十八、**臉皮厚**。別覺得賣貨低級，你從來沒嫌棄過支付寶、微信、銀行卡到帳的聲音。阿里巴巴、騰訊的電話銷售，每天都在往外撥。會不會賣貨，已經成為這一行從業人員至關重要的差異點。

臉皮厚，賺得多，賺得多，有面子。

二十九、**熱情**。沒有熱情，說明你不愛，你不愛的東西，別人也不會想要搶。想想直播間、電視購物、列車上的推銷員，哪一個不是無限熱情？

賣貨文案是幫人選購，樂於助人的事，一定要熱情做。

三十、**知識**。哪怕不買，也要讓消費者看完賣貨文案後，選購該產品的知識大增，判斷力大升。

當他要買的時候，就會優先想到那個讓他不買貨也有所收穫的我們。別讓人走空，消費者就會一直追蹤。賣貨文案，某種程度，就是給消費者提供購買這類產品的選擇標準。

三十一、**自製排行榜**。消費者天然相信排行榜，自製排行榜，能幫助消費者減輕選購負擔，也能很好地植入產品的購買理由，還能連帶賣出更多產品。

人物簡介、專家推薦信、經銷商授權等，也是很好的植入點。

三十二、**慎用情感**。除非情感特別有轉化力，否則慎用。即便使用情感賣貨，也要以確定的利益打底。

三十三、**擴散**。要想賣得多，一定要發動消費者替你宣傳，宣傳理由要設置得合理，讓他宣傳不尷尬還有成就感。文案中，可適當鼓勵團購、多買，讓更多人買。

附錄2

# 文案賣貨不敗77計

1 我們不會寫文案，我們只會寫賣貨文案。

2 文案最重要的，不是創意、不是有趣、不是金句，而是賣貨。

3 企業要好過，要學會賣貨。

4 99%的社交媒體博主，第一桶金靠文案賣貨。

5 不懂文案賣貨，企業的戰略將無從表達、沒有結果。

6 文案讓戰略能理解，賣貨讓戰略有結果，文案賣貨就是第一步。

7 凡語言能到達的地方，就是你的賣貨戰場。

8 文案要賣貨，第一步就是：掠奪大眾關注。

9 別光說產品如何牛，更要說產品如何讓消費者牛。

10 4P哪個最難，很多人說是產品，其實是價格。

11 多貴的產品都有人買，消費者只是不想多花一分冤枉錢。

12 消費者不是缺錢，他只是享受討價還價的過程。

13 寫賣貨文案就八個字：環環相扣，步步證明。

14 文案賣貨，如果說有唯一的祕訣，那就是貨本身好賣。

15 一個成功過的產品，你要想想能否在時間、空間、人群、年齡、價格、場景上，擴大賣貨。

16 產品只是好賣的外衣，真正長久好賣的是標準。

17 自己做，學會做產品的判斷；找人做，提高做產品的效率；做標準，拉高對手們的門檻。

18 擴場景，不是亂加細節，而是要順應消費者認知裡已有的場景，做自然擴張。

19 賣更多三個點：減環節，提價格，增頻率。減環節，成本更低；提價格，利潤更高；增頻率，交易更快。

20 賣貨文案用技巧，通常是為了增加音律，加速傳播。如果不能提高溝通效率，就不要使用技巧。

21 所有賣貨文案，都是基於事實放大，目的是讓消費者更快了解產品，確定自己是否需要。

22 賣點就是能打動消費者掏錢的賣點。

23 賣貨文案自曝缺點，要馬上解決。自曝無傷大雅的缺點是手段，目的是突出優點，更好賣貨。

24 賣貨文案的作者，任何時候需要你出現，一定要挺身而出，你就是一個誠實的工具人。

25 真正的文案，所謂擅長創意表達，實際是擅長有策略的表達創意。

26 產品的美，是最無聲，最讓人心動的購買理由。

27 賣貨文案不是寫出來的，而是根據消費者反饋，一點一點測出來的。

28 好的賣貨文案，消費者壓根感覺不到文案寫的好，他只是一口氣看到了最後，毫不猶豫的下了單。

29 好的賣貨文案，從戰略的選擇就開始賣了，而不是等到品類和產品成定局，再做文字上的揚長避短。

30 任何初創品牌，寧願爭議四起，也不要寂寂無名。

31 事實、行動、反問，某種程度，是藏在標題裡的最強購買理由與最大信任狀。

32 好的賣貨文案，開頭一定要簡短直接，重點突出誘惑大。

33 好的證據，都是精心設計出來的。圍繞產品設計證據，證據設計到購買全程，全程證據要可驗證。

34 文案作者、產品研發專家、代言人，是很有效的三種文案賣貨文案作者。

35 要事必答，答得務必清楚、主動風控，別怕用戶流失。

36 朗讀，增加訊息傳遞；刪減，增加傳播兵力；通俗，打掉溝通門檻。

37 輸出知識，塑造形象。

38 好的賣貨文案就不是寫出來的，而是透視人性後的直白翻譯。

39 人性洞察究竟洞察甚麼呢？說穿了就四個字：多快好省。

40 凡讀者留下的讚美，都是有助賣貨的信任狀。凡讀者留下的批評，都是要去解決的問題和負面認知。

41 產品策畫階段，就要基於賣貨，把4P全部倒推想清楚。

42 賣貨文案要寫的有細節，可信、可推敲，前期花時間挖寶藏是不可少的功課。

43 文案賣貨，不僅是賣貨的理論，更是從0到1創業的理論。

44 如果你不知道怎麼寫賣貨文案，你就以問答的方式，問出消費者購買時最關心的主要問題，然後邊問邊解決消費者的問題，邊引誘他們購買，再以一個好讀的邏輯串起來。

45 文案賣貨，如果只記住一句話，就記住：決定對誰說話。

46 深耕一個行業，開視野非常重要。過了早期的技巧，後期知道行業頂尖人士的視野是怎樣的，做事會更扎實，也更有底氣。

47 定位越靠近銷售場景，越要放大購買理由。

48 購買理由的切入點一定要尖銳。跟產品實際價值無關的影響力是增強信任、快速下單的強大基礎。

49 如果你始終沒有找到好賣貨的產品核心價值，要麼你找的角度不對，要麼你功課做的不夠多。

50 還原式賣貨，最大的好處是有身臨其境的「煽動性」，看的人會自行帶入場景。

51 當產品擁有行業奇觀式的震撼事實，只要擺出來，就能靠量大、稀缺、獵奇賣高價。

52 我們要把潛在需求變剛需，通過賣貨文案挑明。具體操作上，要借助潮流。

53 決定你要對誰說，適當迎合他們，適度引領他們，但別代替他們思考。

54 好吃懶做、貪圖享樂、貪財好色……人之本能。用愛吸引，用怕推進。

55 真誠是最強大的賣貨武器，所有技巧的運用、利益的放大，都要基於事實。騙一次，毀一世。

56 位置決定價值，賣貨文案，要上接戰略，下抵貨架。

57 準確表達購買理由，是賣貨文案的下限；引人信仰，一買再買，是賣貨文案的上限。

58 精準形容是考驗賣貨文案的基本尺度。

59 萬法皆由目的所生，目的決定賣貨的策略、手段和細節。

60 沒有信任無從賣貨，事事有證據，句句有出處，不過度承諾。

61 用小學語文常用三千字寫作，用鄉野村夫都能聽懂的話去賣貨，用人們熟悉的事去解釋，去誘惑。

62 賣貨文案是結構化的商業寫作，每一句都指向賣貨。

63 好的賣貨文案，就像聊天。

64 大帳算成小帳，經濟帳算成感情帳。把所有帳算到消費者能接受的區間。

65 如果說賣貨，是洞察人性的過程，那麼寫賣貨文案，就是調動詞性翻譯人性的過程。不懂詞性，沒辦法翻譯人性。

66 熟悉產品要像熟悉自己。

67 價格稍微高一點，關注就多，賣貨文案就很難短。

68 臉皮厚，賺得多；賺得多，有面子。

69 賣貨文案，某種程度，就是給消費者提供購買這類產品的選擇標準。

70 會賣貨，更好過。

71 產品是1，行銷是0，讓1和0的威力變成企業的規模和利潤的是——賣貨。

72 文案賣貨一定要大方放出產品，產品才是最終吸引消費者的主角。

73 4P是消費者在購買時，最能感受到的品牌差異所在，也就是我們常說的獨特價值。我們走市場，很大部分就在觀察買賣過程中的4P。

74 媒體的選擇，直接決定了賣貨文案的長度、濃度和形式。

75 賣貨的根基，就兩個字：信任。

76 把人們熟悉的東西，再一次賣給他們，比賣全新的東西容易得多。

77 頂級的賣貨文案，應該是當人看完後，產生這樣的判斷：此時此地非買不可，或者，今生今世我用不上。

會賣貨，更好過。

## 後記

# 會賣貨，更好過

產品是一，行銷是〇，讓一和〇的威力變成企業的規模和利潤的是——賣貨。
而賣貨的底層邏輯，靠文案表達來實現。

寫好賣貨文案，相當於千萬個人氣主播替你叫賣、幫你賺。

過去十年，水滴石團隊在眾多產品上交叉反覆驗證，發現在中國今天的大環境下，在九大社交平臺（微信、抖音、微博、快手、知乎、小紅書、B站、視頻號、西瓜視頻）開放的年代，不管是企業還是個人，只要會賣貨，就能活得遊刃有餘、滋滋潤潤。

當然，我們有幸驗證出這套文案賣貨方法，首先要感謝過去一百多年，國內外廣告行銷大師們探索出的賣貨規律。

與其說，是水滴石團隊驗證出了這套方法，不如說是我們基於這個時代企業和個人的賣貨需求，繼承大師們的經驗，融合為一套更適合今天、更適合中國、更好用的文案賣貨方法。

同時，我們要感謝十年來，不斷給我們機會，和水滴石團隊一起驗證這套文案賣貨方法的各大合作夥伴。這套方法不是生造出來的，是中國各種企業在賣貨過程中一路測一路調出來的。

我們還要感謝正在閱讀本書的你，是你們讓這本書有了流傳的可能。如果你覺得這套文案賣貨方法實用，請推薦給你身邊，想將廣告行銷推進到賣貨，這一最初也是終極目標的朋友。

對於文案賣貨這件事，我們發現很多人不是開不開竅的問題，而是太要面子，根本放不開手，撒不開腿，也張不開嘴。

一旦你猶豫了，你的賣貨文案一定寫不好，貨也一定賣不好。
最後，讓我們記住以下賣貨信念，以共勉：

賣貨，是企業基業長青的生命線
賣貨，是廣告行銷公司的基本功
賣貨，是個人職業生涯的核武器

不同的貨賣給不同的人
有的賣給政府
有的賣給信徒
有的賣給領導
有的賣給下屬
有的賣給夥伴
有的賣給投資人
大部分賣給消費者

個人要好過
要學會賣貨

**企業要好過**
**要學會賣貨**
**我們不會寫文案**
**我們只會寫賣貨文案**

水滴石團隊
二〇二三年十二月八日

# 參考文獻


1. *Positioning: The Battle for Your Mind*, McGraw-Hill, 1981.
2. *Differentiate or Die: Survival in Our Era of Killer Competition*, John Wiley & Sons, 2000.
3. 《衝突》，機械工業出版社，2019年。
4. *Reality in Advertising*, Alfred A. Knopf, 1961.
5. *My Life in Advertising and Scientific Advertising*, Harper & Brothers / Lord & Thomas, 1923 ╲ 1927.
6. *The Copy Book*, D&AD, 1995.
7. *Neil French*, 文案之神，劉可澄譯，東方出版社，2021年。
8. *Ca$hvertising*, Weiser, 2008.
9. *The Adweek Copywriting Handbook*, John Wiley & Sons, 2006.
10. 《創意就是權力：迅速提升品牌與銷量的葉茂中經驗》，機械工業出版社，2003年。
11. 《小豐廣告創作系列》，東方出版社，2020年。

# 致謝

感謝以下朋友貢獻力量，讓《文案賣貨》更好用。

簡體版封面設計、版式設計、操作圖設計：何雯俊

簡體版行銷編輯：于歡歡、楊文海、向昊瑾、武英姿、侯曼迪

簡體版封面視覺錘金筆喇叭渲染：暖光設計

簡體版內文排版：北京瑞東國際文化有限公司

感謝胡嘉興兄弟，神交多年，終於有了開啟合作的契機；

感謝解文濤兄弟，事無巨細地操心本書的內容到成書的大小事情；

感謝施錦慧設計了本書讀本版的封面；感謝王國任為本書封面設計提供的建議。

感謝繁體版權代理：成都天鳶羅娟。機械工業版權經理宋歌。

感謝繁體版封面設計：周家瑤、版面構成與內文排版：洪素貞、行銷：林麗紅與李映柔、編輯：張瑩瑩、蔡麗真、徐子涵。

# 作者介紹

鬼鬼是水滴石團隊創始成員，用好定位創始人。專注用好行銷第十五年，為三百多個品牌定製行業傳播。從二〇二二年開始，跟九〇後行銷諮詢新銳代表人物泡泡搭檔，從事行銷諮詢，已深入全案操盤五個品牌。擅長文案賣貨、圖書出版、方法總結，曾創造三篇文賣出一千多萬元銷售額的紀錄。

曾參與創辦里斯旗下克里夫定位研修院廣州分院，任創始執行院長。曾就職於 isobar、天風證券等國際乙方、國內甲方，任文案、數位行銷主管、專案負責人等職。

主講「用好定位」、「文案賣貨」、「用好衝突」、「系統打造行銷方法論」、「行銷升級第一課」、「廣告走極端」等十門熱門行銷方法論課程。

策劃出版《文案之神》、《文案之道》、《幕後大腦》等十二本行銷案頭書。據不完全統計，已為餓了麼、衛龍、聯想集團、能鏈集團、傑士邦、新浪湖北、仟吉、當代明誠、天風證券、美建聯、葉茂中公司、里斯旗下克里夫、微念等三十多家企業提供培訓服務。

泡泡是水滴石團隊創始成員，用好定位創始人。

專注行銷諮詢第十二年，全案操盤過二十多家不同規模、不同階段、不同問題的企業。

從4A公司AE入行，於行銷諮詢崛起。

後於華與華巔峰期任專案負責人五年，獨立帶隊全案操盤李先生加州牛肉麵、幸運速食麵、賽普健身、唐山中心醫院、青客租房、如鋼等品牌，並在結束服務後，成為眾多客戶創始人的個人長期行銷顧問。

此後，轉戰甲方，以戰略部負責人的角色，全面協助睿昂基因上市。此外，泡泡還主導了不少尚未到解禁期的新消費品牌的全案行銷工作。

二〇二二年，搭檔業內小有名氣的自媒體「廣告常識」創始人鬼鬼，創辦用好定位，開始「大培訓，小諮詢」的事業新征程。